0(ゼロ)から
やりなおす
中学数学の
計算問題

石崎 秀穂 *Hideho Ishizaki*

総合科学出版

はじめに

「数学なんて、大っ嫌い！！！」
「税抜き価格を計算しろって言われても……」
「深夜料金は２割増って、一体、いくらになるの？？？」

昔から数学は嫌われ者で、数学を苦手としている人は数多くいます。
本書に手が伸びた、あなたやお子様もそうではないでしょうか。
しかし、本書を手にしたからには、もう数学が苦手だなんて言わせません！
今は数学が嫌いでしかたがなくても数学を「好き」にしてみせます！

なぜ、そのように言い切れるのでしょうか。
それは、本書は苦手な人がつまずくであろうことを調べたうえで作成されているためです。
一例をあげると、中学数学が苦手と感じる理由に「小学校の算数が理解できていないこと」「公式や計算過程を丸暗記していて理解していないこと」などがありますが、本書では小学校の算数から「理解」できるように、ていねいに中学数学を解説しています。
理解といえば、むずかしく聞こえるかもしれませんが、先ほどの「税抜き価格」「深夜料金は２割増」は、実は「コップ」をイメージできるようになるだけで、すんなりと理解できるようになります。
理解といっても、それほど、むずかしいことではないのです。
「本当に？」と思ったら、ぜひ、本書を読み進めてみてください。
ページをめくればめくるほど、「あ、ここはそういう意味だったのか！」「公式を丸暗記していたけど、丸暗記しなくてもよかったんだ！」と思うことでしょう。

また本書は、数学が苦手だった生徒たちの成績をぐんぐん伸ばした中学数学の授業をもとに制作されています。
成績を伸ばした秘訣は「理解」。
理解できれば「わかる！」と感じることができて楽しくなり、心のなかに「数学が好き」という気持ちが芽生えはじめます。そして、日常生活にて「３割引セール？　ここの商品は○円だから、△円得する！」「これも中学数学で計算できたのか！　わかる、わかる！」などと、きっと感動を覚えるにちがいありません。
このような感動を味わうと、数学が好きになります。
好きになれば、さらに中学数学が得意になっていくのです。

本書は、たくさんの人たちが十分理解しないままやり過ごしてしまった小学校までの算数を復習するところから始めています。ですから、「中学数学のゼロの段階」から始めます。
そして中学数学に出てくる基本的な計算問題を「中１」「中２」「中３」のSTEP順に提示して、それを解くためにたくさんの「目標問題」と「例題」を用意しました。それらの問題はどれもゼロの段階からくり返し説明しています。順番にこなしていくことで、計算の基本が自然と身について、わかることが楽しくなるように工夫しました。

なお、本書には中学数学で学習する「図形」などの一部の問題は収録されていません。それは本書を読んで、中学数学を好きになっていただいたあとで、あらためて機会を得て執筆したいと思っているからです。まずは「好き」になることが勉強の秘訣ですから。

石崎　秀穂

はじめに

STEP 0 小学校までの算数の計算問題を総復習

1) 分数のわり算 目標 [$2 \div \dfrac{2}{3} =$] ……………………010

2) 分数と約分 目標 [$3 \div 27 =$] ……………………014

3) 分数の計算 目標 [$\dfrac{2}{3} \div \dfrac{1}{4} =$] ……………………018

4) 割合と百分率 目標 [「定価1000円の2割」の計算] ……………………022

5) 割引と割増 目標 [「定価1000円の3割増」の計算] ……………………026

6) 比 目標 [「500mlのコーヒーを、Aさん：Bさん＝2：3で分けたときのAさんの量(ml)」の計算] ……………………030

STEP 1 中学1年の計算問題を総復習

1) 正負の数 目標 [「$\dfrac{1}{3} - \dfrac{1}{2} =$」の計算] ……………………036

2) 正負の数 目標 [「$(-3) \times 2 \times (-5) =$」の計算] ……………………040

3) 正負の数 目標 [「$\left(-\dfrac{2}{3}\right) \times \left(-\dfrac{3}{4}\right) - \dfrac{5}{6} \div 3 =$」の計算] ……………………044

4) 文字と式 目標 [「1本50円の鉛筆をx本、1冊100円のノートを1冊だけ買ったときの代金」の計算] ……………………048

5) 文字と式 目標 [「$x \times 3 - x \times 2 =$」の計算] ……………………052

6 文字と式
目標　「$x \div \dfrac{x}{2} =$」の計算 …056

7 文字と式
目標　「$a^3 \div (-a)^2 =$」の計算 …060

8 文字と式
目標　「$(-a)^2 \div a^3$」に$a=5$を代入 …064

9 文字と式
目標　「$(4a+8) \div 2 =$」の計算 …068

10 文字と式
目標　「1本100円のボールペンをa個と200円のノートを買ったら正規の料金の2倍、請求された」ときの代金 …072

11 文字と式
目標　「$\dfrac{2x-3}{2} - \dfrac{x+2}{3} =$」の計算 …076

12 方程式
目標　「$x+200=300$」のxを求める …080

13 方程式
目標　「$-\dfrac{1}{2}x+3=1$」のxを求める …084

14 方程式
目標　「$\dfrac{2x-3}{2} - \dfrac{x+2}{3} = 3$」の$x$を求める …088

15 方程式
目標　「2500円ありました。定価3000円の商品をx割引で購入しようとしたら、200円足りませんでした」、そのxを求めましょう …092

16 比例・反比例
目標　「$x=3$のとき、$y=9$、$y=ax$」のaの値を求める …096

17 比例・反比例
目標　「$y=3x$のグラフ」を描いてください …100

18 比例・反比例
目標　「$y=-3x$、$y=-x$、$y=-\dfrac{1}{2}x$」のグラフの傾きはどのようにちがうのか述べよ …104

19 比例・反比例
目標　「$y=\dfrac{8}{x}$」のグラフを描いてください …108

STEP 2 中学2年の計算問題を総復習

1 式の計算 目標 「$\frac{1}{3}(3x^2+6x-9)-2(x^2-2x+4)=$」の計算 114

2 式の計算 目標 「$\frac{a+2b+1}{3}-\frac{5a-2b-4}{6}=$」の計算 118

3 式の計算 目標 「$\frac{a^2}{b}\div\frac{a}{b^3}=$」に $a=-2$、$b=-3$ を代入 122

4 式の計算 目標 「$2:3=4:x$」を解いてください 126

5 連立方程式 目標 「$x-2y=3$、$y=-x+3$」を解いてください 130

6 連立方程式 目標 「(A) $x-2y=4$、(B) $3x+4y=2$」を解いてください 134

7 連立方程式 目標 「(A) $\frac{1}{2}x=\frac{3}{2}y+5$、(B) $\frac{1}{4}x-\frac{2+y}{8}=1$」を解いてください 138

8 連立方程式 目標 「十の位 x と一の位 y の数があります。x と y を入れ替えると、もとより 18 大きくなります。また x と y をたすと 14 になります」 x と y の数を求めましょう 142

9 速度 目標 道が渋滞していて時速 15km しか出すことができません。45km 先の取引先まで何時間で到着できますか 146

10 速度 目標 「A 町から B 町を経由して C 町に行きました。A 町から B 町までは時速 6km、B 町から C 町までは分速 80m でした。A 町から C 町まで 2500m あって、A 町から C 町まで 35 分かかりました」 A 町から B 町の距離を求めましょう 150

| 11 | 一次関数 目標 | 「$y=-2x+3$」のグラフを描いてください | 154 |
| 12 | 一次関数 目標 | 「$y=x+4$と$y=-3x+8$の交点の座標」を求めてください | 158 |

STEP 3 中学3年の計算問題を総復習

1	単項式・多項式 目標	「$(2a+1)(3b-2)=$」の( )をはずしてください	164
2	単項式・多項式 目標	「$(x+a)(x+b)=$」の計算	168
3	素因数分解 目標	60を素因数分解してください	172
4	因数分解 目標	「$3y(a+1)-2(a+1)$」の因数分解	176
5	因数分解 目標	「$4x^2-9y^2$」の因数分解	180
6	因数分解 目標	「$2x^2+4x+2$」の因数分解	184
7	平方根 目標	「$\sqrt{(-5)^2}=$」を求めてください	188
8	平方根 目標	$\sqrt{12}$ の$\sqrt{}$のなかを簡単にしてください	192
9	平方根 目標	「$\dfrac{5\sqrt{3}}{\sqrt{100}}-\dfrac{1}{2\sqrt{3}}=$」の計算	196
10	二次方程式 目標	「$x^2+2x=-1$」の計算	200
11	二次関数 目標	「$y=x^2$」のグラフを描いてください	204

STEP 0

小学校までの算数の計算問題を総復習

中学校の数学を勉強する前に、まず小学校までに習った算数を復習しましょう。とくに多くの人がつまずきやすい分数、百分率、割合、比の計算問題をきちんと理解しましょう。ここをわからないまま素通りしてしまうと、中学校からの数学もどんどんキライになっていきます。さあ、この STEP 0（ゼロ）でそんな苦手意識をふっ飛ばしましょう！

1 分数のわり算

目標 $2 \div \dfrac{2}{3} =$

分数のイメージ

「6 ÷ 2」は、どういう意味でしょうか。

「6」を「6個のリンゴ」、「÷ 2」を「2つに等しく分ける」と考えます。

つまり、「6 ÷ 2」は、6個のリンゴを2つに等しく分けると考えます。

$$6 \div 2 = = 3$$

2つに等しく分ける

3個！

「1 ÷ 2」も同じように、1個のリンゴを2つに等しく分けると考えますが、先ほどのように数字でうまく表すことができません。

$$1 \div 2 = = ?$$

2つに等しく分ける

コレ、何個 ？？？

そこで、右上のように分数を使って表します。

上の数字を「分子」、下の数字を「分母」といいます。

なお、「なぜ1が上で、2が下なの？」と思ったかもしれませんが、このように表す決まりなので、ここは覚えるしかありません。

では、「2 ÷ 3」を分数で表してみましょう。
いまの話をわかっていただければ、機械的に $\frac{2}{3}$ になるのはわかると思います。

しかし、2個のリンゴを3つに等しく分けるとは、どのように分けるのか想像できないのではないでしょうか。
そこで、つぎのように考えるといいでしょう。

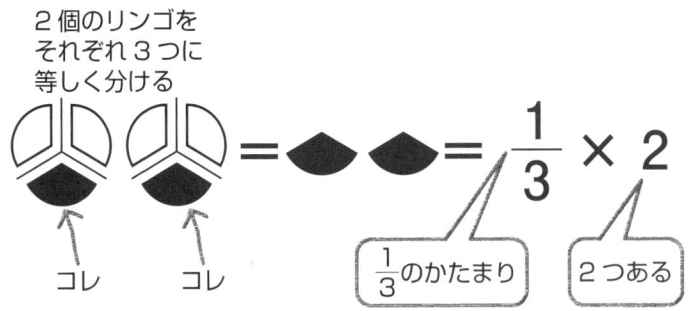

2個のリンゴを3人に等しく分けるときも、このように分けると平等に分けることができるとわかるのではないでしょうか。

ちなみに、ここから $\frac{2}{3}$ と $\frac{1}{3} \times 2$ は同じことを表していることもわかります。

分数のわり算

「$1 \div \frac{1}{3}$」は、どういう意味でしょうか。

これも先ほどと同様に「1個のリンゴを $\frac{1}{3}$ つで等しく分ける」と考えるのですが、「$\frac{1}{3}$ つで分ける」部分がよくわからないと思います。

このような場合は、つぎのように図示して考えるといいでしょう。

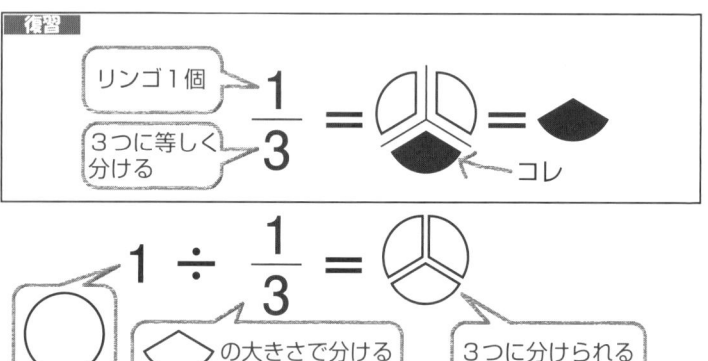

◇ の形をした金属製の型があって、それでリンゴを分けていくとイメージするといいでしょう。

「$1 \div \frac{1}{3} = 3$」となります。

目標問題の説明

では、「$2 \div \frac{2}{3}$」を計算するといくつになるでしょうか。

これも図示して考えるとイメージできると思います。

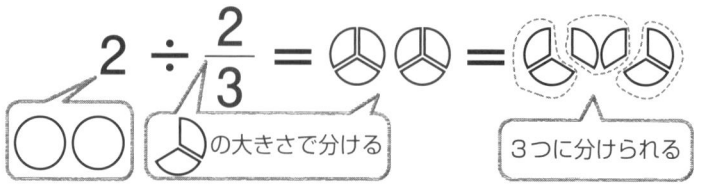

「$2 \div \frac{2}{3} = 3$」となります。

練習問題&解説

つぎの計算をしてみましょう。
① $12 \div 4 =$　　② $2 \div 5 =$

つぎのものをイメージ図で表してみましょう。
③ 2個のリンゴを5つに等しく分けた場合

つぎの計算をしてみましょう。
④ $2 \div \dfrac{1}{5} =$　　　　⑤ $3 \div \dfrac{3}{4} =$
⑥ $5 \div \dfrac{2}{3} =$

·····················答えと解説·····················

① 3
② $\dfrac{2}{5}$
③ 下図

  =

④ 10

<ヒント>

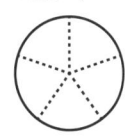 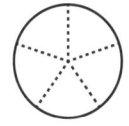 ÷ の大きさで分けていく

⑤ 4
⑥ $\dfrac{15}{2}$

2 分数と約分

目標 3÷27=

分数の分子と分母に同じ数をかけたりわったりしても同じ値になる

$\frac{2}{4}$ と $\frac{1}{2}$ を図で表すと、つぎのようになります。

同じ大きさです。つまり、$\frac{2}{4}$ と $\frac{1}{2}$ は同じ値ということになります。
これをどのように考えればいいのでしょうか。
「$\frac{2}{4}$」を、まずは数字ではなくボールで表します（A）。
つぎに、ボールを2個入りの袋に詰めます（B）。
すると、「$\frac{2}{4}$」は（袋で数えると）「$\frac{1}{2}$」になることがわかります。

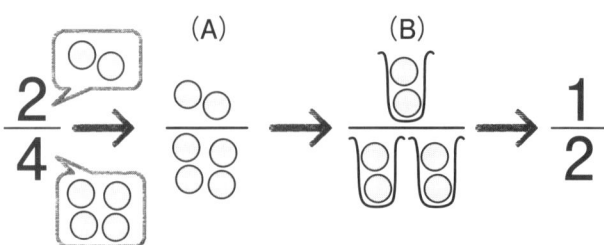

$\frac{1}{4}$ と $\frac{3}{12}$ を図で表すと、つぎのようになります。

同じ大きさです。つまり、$\frac{1}{4}$ と $\frac{3}{12}$ は同じ値ということになります。これをどのように考えればいいのでしょうか。

「$\frac{1}{4}$」も数字ではなく、ボールで表してみます。しかし、今度はボールと思っていたものがすべて3個のボールが入った袋だったとします（つまり、ボールがそれぞれ3個入りの袋と入れ替わります）。この場合、「$\frac{3}{12}$」になることがわかります。

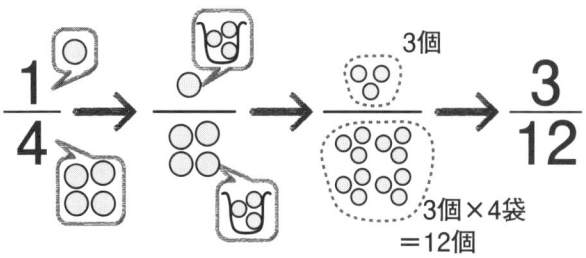

これらの2つのことを数式で表してみます。

$$\frac{2}{4} = \frac{2 \div 2}{4 \div 2} = \frac{1}{2} \qquad \frac{1}{4} = \frac{1 \times 3}{4 \times 3} = \frac{3}{12}$$

このように、**分数の分子と分母に同じ数値をかけたり、わったりしても、結局は同じ値になります**。分数にはこのような性質があるので、しっかり覚えておきましょう。

分数は約分して、できるだけ小さな値にする

たとえば「$\frac{2}{4}$と書かず、分子と分母をそれぞれ 2 でわって、$\frac{1}{2}$と書く」のように、**分数はできるだけ小さな値にする**決まりがあります。このようにすることを約分といいます。

ただ、たとえば$\frac{18}{45}$がこれ以上小さな数値で表せるかどうかが瞬時にわからないように、うまく約分できないものです。

そこで、つぎのことを覚えておくといいでしょう。

■ **2 でわり切れる数 → 一の位が 2 でわり切れる**
（例）1234 → 一の位は 4。4 は 2 でわり切れるので、1234 も 2 でわり切れます。

■ **3 でわり切れる数 → 各位の数をたして 3 でわり切れる**
（例）126 →「1（百の位）＋ 2（十の位）＋ 6（一の位）」を計算すると「9」になります。9 は 3 でわり切れるので、126 も 3 でわり切れます。

■ **5 でわり切れる数 → 下ひとけたが 0 もしくは 5**
（例）5055 → 一の位が「5」なので、5055 も 5 でわり切れます。

■ **それ以外 → 7、11 などで実際にわってみる**

目標問題の説明

「$\frac{3}{27}$」を約分する場合、分子の 3 は 3 でわり切れることはすぐにわかりますが、分母の 27 は何でわれるのかわかりません。そこで、先ほどの知識を使って、つぎのように約分します。

$$\frac{3}{27} = \frac{3 \div 3}{27 \div 3} = \frac{1}{9}$$

（3でわれる）
（2（十の位）＋7（一の位）＝9
9は3でわり切れる
⇒ 27も3でわれる）

なお、**分数は、分子・分母がわり切れなくなるまで約分する**という決まりがあるので、わり切れなくなるまで約分しましょう。

練習問題&解説

約分をしてください。

① $\dfrac{2}{6} =$ ② $\dfrac{3}{9} =$

分子と分母に3をかけてください。

③ $\dfrac{2}{7}$

つぎの計算をしてみましょう。

④ $2 \div 12 =$ ⑤ $30 \div 45 =$

⑥ $4 \div 6 =$ ⑦ $8 \div 16 =$

⑧ $7 \div 15 =$ ⑨ $20 \div 25 =$

⑩ $11 \div 121 =$

・・・・・・・・・・・・・・・・・・・・・・・・答えと解説・・・・・・・・・・・・・・・・・・・・・・・・

① $\dfrac{1}{3}$ ② $\dfrac{1}{3}$ ③ $\dfrac{6}{21}$

④ $\dfrac{2}{12} = \dfrac{1}{6}$

⑤ $\dfrac{30}{45} = \dfrac{10}{15}$ (3で約分) $= \dfrac{2}{3}$ (5で約分)

⑥ $\dfrac{4}{6} = \dfrac{2}{3}$

⑦ $\dfrac{8}{16} = \dfrac{4}{8}$ (2で約分) $= \dfrac{2}{4}$ (2で約分) $= \dfrac{1}{2}$ (2で約分)

⑧ $\dfrac{7}{15}$ (約分できません)

⑨ $\dfrac{20}{25} = \dfrac{4}{5}$ (5で約分)

⑩ $\dfrac{11}{121} = \dfrac{1}{11}$ (11で約分)

3 分数の計算

目標 $\dfrac{2}{3} \div \dfrac{1}{4} =$

分数同士のたし算・ひき算は通分して計算する

「$\dfrac{2}{3} + \dfrac{1}{4}$」を計算してみましょう。どのように計算すればいいのでしょうか。まずは、イメージ図で表してみます。

$$\dfrac{2}{3} + \dfrac{1}{4} = ?$$

これはいくつ？

$\dfrac{2}{3}$ のかけらと $\dfrac{1}{4}$ のかけらの大きさがちがうので、うまくたすことができません。

このような場合は、先ほどの「分子と分母に同じ数をかけてもいい」を思い出すといいでしょう。具体的には、分子と分母に同じ数値をかけて、同じ大きさのかけら、つまり $\dfrac{2}{3}$ と $\dfrac{1}{4}$ の分母をそろえるのです。

$$\dfrac{2}{3} = \dfrac{2 \times 4}{3 \times 4} = \dfrac{8}{12}$$

$$\dfrac{1}{4} = \dfrac{1 \times 3}{4 \times 3} = \dfrac{3}{12}$$

同じ大きさのかけらに！
だから、計算できる！

「$\dfrac{8}{12} + \dfrac{3}{12} = \dfrac{11}{12}$」となります。

このように、同じ大きさのかけらにすることを**通分**といいます。**たし算とひき算をするとき、通分することを忘れないようにしましょう**。

分数同士のかけ算は分子同士、分母同士をかけ合わせる

「3×2」は、どういう意味なのでしょうか。

「3」はリンゴ3個、「×2」は「2回コピーする」と考えます。

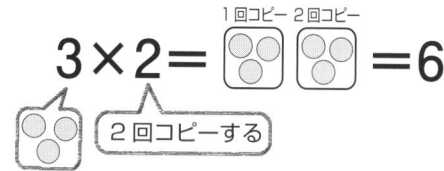

「$2 \times \frac{2}{5}$」も同様に「リンゴ2個を、$\frac{2}{5}$回コピーする」と考えるのですが、「$\frac{2}{5}$回コピーする」とは一体どういうことでしょうか。

$\frac{2}{5}$と$\frac{1}{5} \times 2$は同じことでした（11ページ参照）。

「$2 \times \frac{2}{5}$」を「$2 \times 2 \times \frac{1}{5}$」として「リンゴ2個を2回コピー。それを$\frac{1}{5}$にする」と考えます。

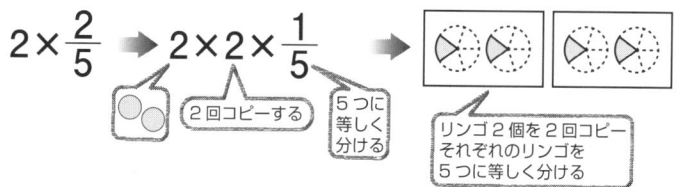

▽が4個あるので、$\frac{1}{5} \times 4 = \frac{4}{5}$になります。

ただ、これからもっと複雑な計算をすることになって、このように考えることはできなくなります。

そこで、**分数同士のかけ算は、分子同士、分母同士をかけ合わせる**と覚えておくといいでしょう。

たとえば、「$\frac{2}{3} \times \frac{5}{7}$」はつぎのようにします。

$$\frac{2}{3} \times \frac{5}{7} = \frac{2 \times 5}{3 \times 7} = \frac{10}{21}$$

なお、分数のかけ算は、計算する前に約分できることがあるので、忘れずに約分するようにしましょう。たとえば「$\frac{7}{6} \times \frac{3}{5}$」は、つぎのようになります。

$$\frac{7}{6} \times \frac{3}{5} = \frac{7 \times 3}{6 \times 5} = \frac{7 \times 1}{2 \times 5} = \frac{7}{10}$$

(3でわり切れる / 3でわり切れる / 3÷3 / 6÷3)

分数同士のわり算はわるほうを逆数にしてかけ算する

目標問題の説明

「$\frac{2}{3} \div \frac{1}{4}$」は、どういう意味なのか、もうわかるのではないでしょうか。

$$\frac{2}{3} \div \frac{1}{4} = ?$$

（□の大きさで分ける）

「3つに等しく分けたリンゴのかけらが2つ（◯◯）あって、それを□の金属製の型で分けていくと、いくつ型ができるのか」ということなのですが、ここまでややこしくなると図を描くことでは対処できなくなります（この先、もっとややこしい計算が出てきます）。そこで、ひとつのルールを覚えておくといいでしょう。

分数のわり算は、つぎのように考えましょう。

$$\frac{2}{3} \div \frac{1}{4} = \frac{2}{3} \times \frac{4}{1} = \frac{8}{3}$$

① ÷ を × に変える
② 分子と分母を入れ替える

このように、**分子と分母をひっくりかえすことを逆数にする**といいます。

練習問題&解説

つぎの計算をしてみましょう。

① $\dfrac{1}{2}+\dfrac{1}{3}=$ ② $\dfrac{2}{5}+\dfrac{3}{10}=$

③ $\dfrac{4}{3}-\dfrac{3}{4}=$ ④ $\dfrac{2}{5}\times\dfrac{3}{4}=$

⑤ $\dfrac{1}{3}\times\dfrac{6}{5}=$ ⑥ $\dfrac{3}{5}\div\dfrac{7}{10}=$

⑦ $\dfrac{3}{4}\div\dfrac{9}{8}=$ ⑧ $\dfrac{7}{4}\times\dfrac{1}{2}\div\dfrac{3}{4}=$

⑨ $\dfrac{8}{5}\times\dfrac{10}{3}\div\dfrac{2}{3}=$ ⑩ $\dfrac{6}{7}\times\dfrac{14}{11}\div\dfrac{2}{3}=$

3_分数の計算……$\dfrac{2}{3}\div\dfrac{1}{4}=$

・・・・・・・・・・答えと解説・・・・・・・・・・

① $\dfrac{3}{6}+\dfrac{2}{6}=\dfrac{5}{6}$ ② $\dfrac{4}{10}+\dfrac{3}{10}=\dfrac{7}{10}$ ③ $\dfrac{16}{12}-\dfrac{9}{12}=\dfrac{7}{12}$

④ $\dfrac{1}{5}\times\dfrac{3}{2}$(分子と分母を2でわった)$=\dfrac{3}{10}$

⑤ $\dfrac{1}{1}\times\dfrac{2}{5}$(分子と分母を3でわった)$=\dfrac{2}{5}$

⑥ $\dfrac{3}{5}\times\dfrac{10}{7}$(逆数にした)$=\dfrac{3}{1}\times\dfrac{2}{7}$(分子と分母を5でわった)$=\dfrac{6}{7}$

⑦ $\dfrac{3}{4}\times\dfrac{8}{9}$(逆数にした)$=\dfrac{1}{4}\times\dfrac{8}{3}$(分子と分母を3でわった)$=\dfrac{1}{2}\times\dfrac{4}{3}$

(分子と分母を2でわった)$=\dfrac{1}{1}\times\dfrac{2}{3}$(分子と分母を2でわった)$=\dfrac{2}{3}$

⑧ $\dfrac{7}{4}\times\dfrac{1}{2}\times\dfrac{4}{3}$(逆数にした)$=\dfrac{7}{4}\times\dfrac{1}{1}\times\dfrac{2}{3}$(分子と分母を2でわった)

$=\dfrac{7}{2}\times\dfrac{1}{1}\times\dfrac{1}{3}$(分子と分母を2でわった)$=\dfrac{7}{6}$

⑨ $\dfrac{8}{5}\times\dfrac{10}{3}\times\dfrac{3}{2}$(逆数にした)$=\dfrac{8}{1}\times\dfrac{2}{3}\times\dfrac{3}{2}$(分子と分母を5でわった)

$=\dfrac{8}{1}\times\dfrac{2}{1}\times\dfrac{1}{2}$(分子と分母を3でわった)$=\dfrac{8}{1}\times\dfrac{1}{1}\times\dfrac{1}{1}$(分子と分母を2でわった)$=\dfrac{8}{1}=8$

⑩ $\dfrac{6}{7}\times\dfrac{14}{11}\times\dfrac{3}{2}$(逆数にした)$=\dfrac{6}{7}\times\dfrac{7}{11}\times\dfrac{3}{1}$(分子と分母を2でわった)

$=\dfrac{6}{1}\times\dfrac{1}{11}\times\dfrac{3}{1}$(分子と分母を7でわった)$=\dfrac{18}{11}$

4 割合と百分率
目標 「定価1000円の2割」の計算

割合と百分率のイメージをつかもう

「コップに水を 40ml（ミリリットル）注いで〜」といわれるよりも、「10 ある目盛りのうち 4 だけを注いで〜」と「目盛り」でいわれたほうが、どのくらいの水が必要なのかよくわかると思います。実は、割合は目盛りが 10 あるコップ、百分率は目盛りが 100 あるコップのようなものです（割合のコップの目盛りを細かくしたのが百分率のコップです）。

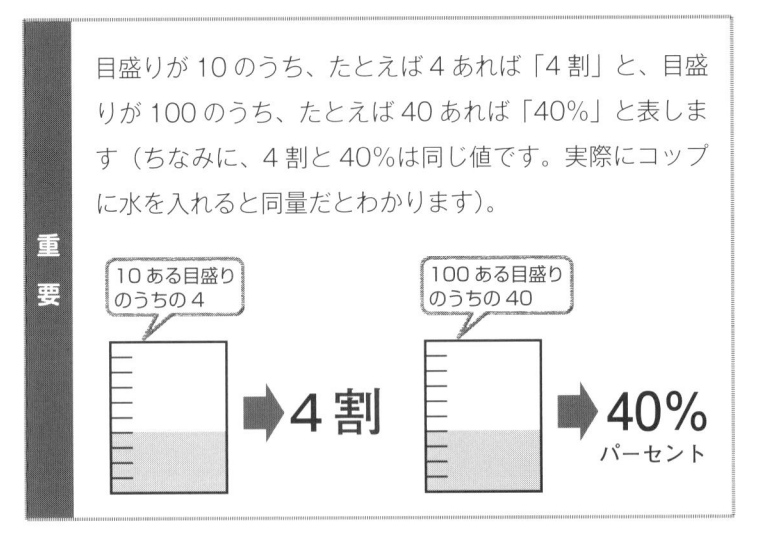

> **重要**
>
> 目盛りが 10 のうち、たとえば 4 あれば「4 割」と、目盛りが 100 のうち、たとえば 40 あれば「40%」と表します（ちなみに、4 割と 40%は同じ値です。実際にコップに水を入れると同量だとわかります）。
>
> 10 ある目盛りのうちの 4 　➡ **4 割**
>
> 100 ある目盛りのうちの 40 　➡ **40%** パーセント

だから、割合や百分率を使うと、どのくらいの数量があるのかがパッとわかります。

※リットルの表記は教科書の改訂によってたびたび変更されています。大文字のLであったり、小文字のlや筆記体のℓであったりしますので注意してください。

> **例** 「給料 250,400 円のうちの 62,600 円を支払わないといけない」といわれれば、イマイチどのくらいの金額なのかわかりにくいですが、百分率を使って「給料 250,400 円の 25%（62,600 円）の金額を支払わなければならない」と表すことで、どのくらいの金額なのか、簡単にイメージできるようになります。

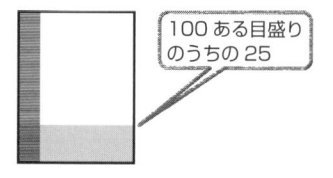

100 ある目盛りのうちの 25

この先、「定価の 3 割引」「18%の濃度」などという言葉が出てきますが、「3 割ということは、10 ある目盛りのうちの 3 なんだ」「18%ということは、100 ある目盛りのうちの 18 なんだ」とイメージできるようにしておきましょう。

割合と百分率を数値で表す

「4 割」「25%」には、「割」「%」という語・記号が混じっていますが、これを、つぎのようにして数値だけで表すこともできます。しっかり覚えておきましょう。

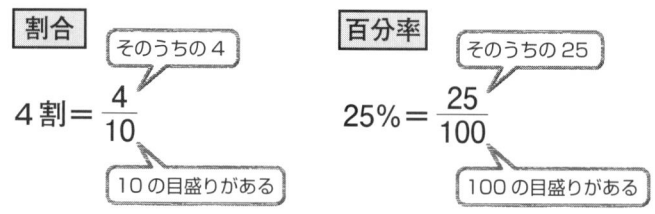

ほかの例をあげると、3 割は「$\frac{3}{10}$」、39%は「$\frac{39}{100}$」と数値だけで表すことができます。

割合、百分率は正確な値も算出できる

割合・百分率を使えば、おおよその数量がイメージできますが、実は、正確な数量を出すこともできます。
では、どのようにすれば正確な数量を算出できるのでしょうか。
つぎの2つの手順をふむといいでしょう。

① 割合・百分率を数値（分数）で表す
② 全体の数量に上記①の分数をかける

目標問題の説明

それでは、この項の目標問題である「定価1000円の2割」がいくらなのか計算してみましょう。
① 「2割」を「$\frac{2}{10}$」で表します。
② 全体の数はこの場合「定価」です。
　だから「定価1000 × $\frac{2}{10}$」を計算します。
よって、答えは「200円」になります。

では、つぎの例題を計算してみましょう。

> 　受験生250名のうち60%が合格した場合、不合格者は何人でしょうか。

考え方は、先ほどと同様です。
① 「60%」を「$\frac{60}{100}$」で表します。
② 全体の数はこの場合、受験生の数です。
　だから「250名 × $\frac{60}{100}$」を計算します。
上記を計算すると、150名となります。
ただ、ここで気をつけたいのは、60%は合格した人ということです。
すなわち、150名は合格者数になります。
だから、不合格者数は「250 − 150 = 100（名）」になります。

練習問題&解説

つぎの問を解いてください。

① 3割を分数で表してください。

② 9%を分数で表してください。

つぎの問を解いてください。

③ $\frac{29}{100}$ を、百分率（%）で表してください。

④ $\frac{8}{10}$ を、割合（割）で表してください。

⑤ $\frac{2}{5}$ を、割合（割）で表してください。

つぎの計算をしてください。

⑥ 100円の1割

⑦ 1000円の7割

⑧ 1000円の70%

⑨ 3500円の8%

⑩ 2800円の3割

・・・・・・・・・・・・・・・・・・・・答えと解説・・・・・・・・・・・・・・・・・・・・

① $\frac{3}{10}$

② $\frac{9}{100}$

③ ○%を分数で表すと「$\frac{○}{100}$」になります。今、$\frac{29}{100}$ なので、29%になります。

④ ○割を分数で表すと「$\frac{○}{10}$」になります。今、$\frac{8}{10}$ なので、8割になります。

⑤ ○割を分数で表すと「$\frac{○}{10}$」になります。今、$\frac{2}{5}$ なので、分母が10ではありません。分母を10にするために、分子と分母に2をかけて、$\frac{4}{10}$ にします。これで4割になることがわかります。

⑥ $100 \times \frac{1}{10} = 10$ （円）

⑦ $1000 \times \frac{7}{10} = 700$ （円）

⑧ $1000 \times \frac{70}{100} = 700$ （円）

⑨ $3500 \times \frac{8}{100} = 280$ （円）

⑩ $2800 \times \frac{3}{10} = 840$ （円）

5 割引と割増
目標 「定価1000円の3割増」の計算

割合、百分率を算出してみよう

2000円のおこづかいのうち400円の支出は、おこづかいの何割にあたるのでしょうか。

このように割合を出すとき、2つの手順をふみます。

① **コップの図を頭に思い浮かべて、分数で表す**
② **割合の場合は10をかける（百分率の場合は100をかける）**

① 2000円のおこづかいのうち、400円の支出はどのくらいの大きさになるのかをイメージしたいのです。だから、2000円をコップの全量、すなわち「2000個の目盛りがあるコップ」、400円を「2000個の目盛りのうち400」と考えます。
このようにすることで、分数で表すことができます。

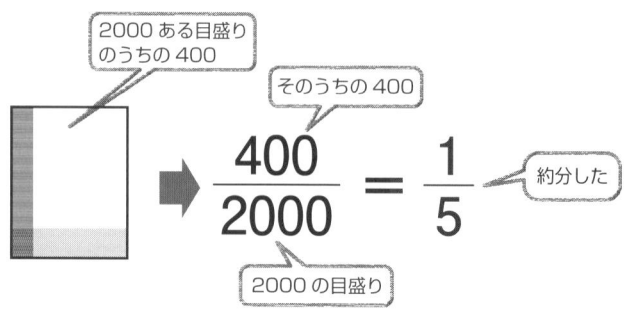

② ○割は「$\frac{○}{10}$」と表せます。だから「$\frac{1}{5}$」を割合の形、つまり分母を10にすることで答えがわかるので「$\frac{1}{5}$」の分子と分母に2をかけます。すると「$\frac{2}{10}$」になって、答えは2割だとわかります。

$$\frac{1}{5} = \frac{1 \times 2}{5 \times 2} = \frac{2}{10}$$

分母に2をかけたので、分子にも2をかける
10にするために2をかける

ただ、毎回、このように考えるのは大変です。

そこで、手順①で算出した分数に、割合の場合は10、百分率の場合は100をかければいいと覚えておくといいでしょう。

「$\frac{1}{5} \times 10 = 2$（割）」となり、先ほど出した答えと同じになることがわかります。

では、つぎを計算してみましょう。

> **例題** 男性社員30名、女性社員20名の会社で、男性は全社員数の何割になりますか。

この例題では、全社員のうち、男性がどのくらいいるのかイメージしたいのです。全社員は50名です。だから、つぎのように考えて、「$\frac{3}{5}$」になります。これに10をかけて6、答えは「6割」だとわかります。

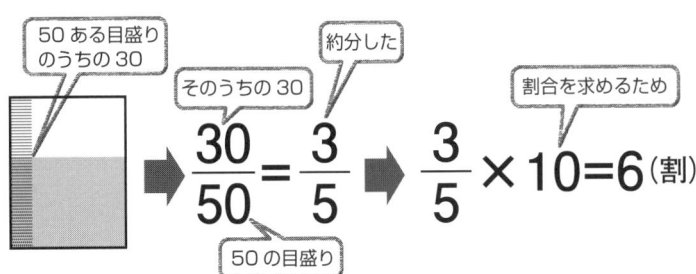

割引、割増の意味

スーパーに行くと「定価の○割引」、タクシーでは「深夜料金は○割増」という表示を目にします。

これらがどういう意味なのかすぐにわからない場合は、つぎのように省略されている言葉を元に戻すといいでしょう。

- ・定価の○割引 → 定価から、定価の○割だけ引く
- ・定価の○割増 → 定価から、定価の○割だけ増やす

目標問題の説明

では実際に、「定価1000円の2割引」を計算してみましょう。

省略を元に戻すと「定価1000円から、定価1000円の2割だけ引く」になります。

このうち「定価の1000円の2割」がいくらになるのかは、すでに学習しています。「$1000 \times \dfrac{2}{10} = 200$」になります。

つまり、「定価1000円の2割引」とは、「定価1000円から、200円だけ引く」となります。「800円」ですね。

例題 「定価1000円の3割増」を計算してみましょう。

省略を元に戻すと「定価1000円から、定価1000円の3割だけ増やす」となります。このうち、「1000円の3割」がいくらになるのかは、すでに学習しています。300円です。つまり、「定価1000円から300円増やす」わけなので、「1300円」になります。

このように、よくわからなくなったときは、「**省略を元に戻す**」を思い出すといいでしょう。

練習問題＆解説

つぎの計算をしてみましょう。

① 1000円のおこづかいのうち、300円は何割にあたりますか。
② 2500円のうち、500円は何％にあたりますか。
③ 男性50名、女性60名のサークルがあります。女性はサークル全員の何割ですか。
④ タクシー料金2000円ですが、深夜料金だったため、この3割増の料金を請求されました。いくらになりますか。
⑤ セールで定価5000円の洋服が45％引になっていました。いくらですか。

········答えと解説········

① 1000個の目盛りのあるコップを想像します。そのうち300あると考えて「$\frac{300}{1000}$」とします。約分して「$\frac{3}{10}$」、これに10をかけて、答えは3割になります。

② 「$\frac{500}{2500}$」を約分すると「$\frac{1}{5}$」になります。これに100をかけて、答えは20％になります。割合の場合は10、百分率の場合は100をかけるのを覚えておきましょう。

③ サークル全員（110名）のうち女性（60名）がどのくらいいるのかをイメージしたいので、「$\frac{60}{110} = \frac{6}{11}$」になります。これに10をかけて、答えは、$\frac{60}{11}$ 割になります。わり切れない場合は、分数のままにしておいてもかまいません。

④ 「2000円の3割増」ということです。この省略を元に戻すと「タクシー料金2000円から、タクシー料金2000円の3割だけ増やす」となります。つまり、「$2000 + 2000 \times \frac{3}{10} = 2600$（円）」となります。

⑤ 「定価5000円の45％引」ということです。この省略を元に戻すと「定価5000円から、定価5000円の45％だけ引く」となります。つまり、「$5000 - 5000 \times \frac{45}{100} = 2750$（円）」となります。

6 比

目標「500mlのコーヒーを、Aさん：Bさん＝2：3で分けたときのAさんの量(ml)」の計算

比のイメージ

「コーヒーとミルクを混ぜてカフェオレをつくってほしい」とだけいわれても、コーヒーとミルクをどのような比率で混ぜればいいのかわかりません。

その一方で、たとえばコップに4つの目盛りを書き込んで、コーヒーが1、ミルクが3などと示されるとわかると思います。この目盛りを数学では「比」、すなわち「コーヒー：ミルク＝1：3」と表します。

ちなみに、コップではなく計量カップを使ってカフェオレをつくったとします。計量カップには目盛りがありますが、比である「1:3」はその目盛りではなく自分で目盛りを書き込むイメージです。

※比は、割合、百分率にも換算できますが、その話は割愛します。

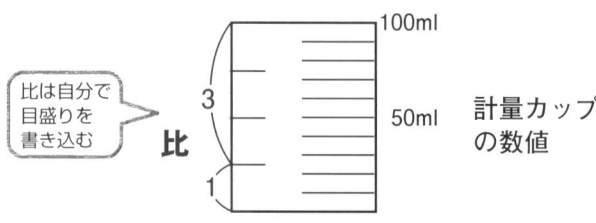

さて、「コーヒー：ミルク＝２：６」でカフェオレをつくってほしいといわれたとします。しかし、この指示は適切なのでしょうか。考えてみましょう。

まずは、下左の図を見てください。図の太い目盛りは、２目盛りで１目盛りにしているのがわかります。

ここで太い目盛りだけを見てみてください。すると、コーヒーとミルクの比率は先ほどの「１：３」と変わらないことがわかります。

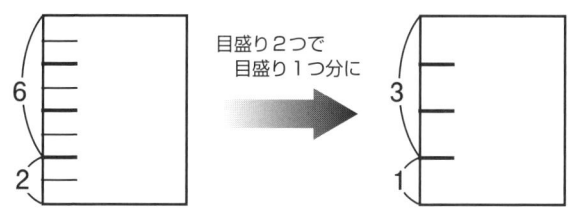

コーヒー：ミルク＝２：６　　　　コーヒー：ミルク＝１：３

これをもっとていねいに解説してみます。

比の１目盛り分のコーヒー（もしくはミルク）を袋にうつしかえたとします。そして、これらの袋を、２袋を１袋にまとめると、つぎのようになります。

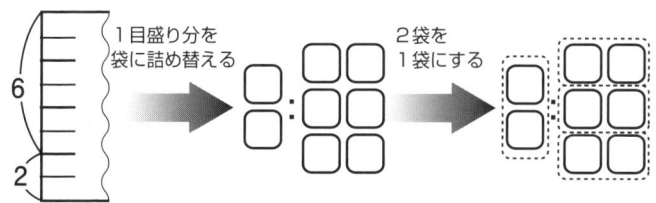

コーヒー：ミルク＝2:6　　コーヒー：ミルク＝2:6　　　　　1:3になる！

つまり、「コーヒー：ミルク＝２：６＝１：３」となります。
比はできるだけ小さな数値にする決まりがあるので、「２：６」と書かずに「１：３」と書きます。

比の計算

目標問題の説明

500mlのコーヒーを、「Aさん：Bさん＝2:3」で分けました。
Aさんの量 (ml) を計算してみましょう。

わからない場合は、図を描くとわかるようになります。というわけで図を描いてみました。

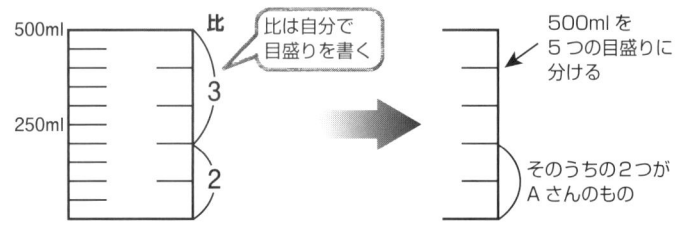

図を見ると、500mlあるコーヒーを5つに分けて、そのうちの2がAさんのものということがわかります。500mlを5つに分けるので「500÷5」、これで1目盛りの量が出てきます。

Aさんの分は2目盛りなので、Aさんの分は「500÷5×2＝200 (ml)」となります。

> **例題** リンゴ5個を「Aさん：Bさん＝1:4」で分けたとき、Bさんの取り分を計算してみましょう。

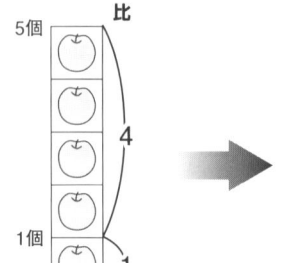

・5個のリンゴ
・5つに分けた
・そのうちの4個がBさんのもの

$$5 ÷ 5 × 4 = 4$$

練習問題&解説

つぎの比を簡単にしましょう。

① 5 : 15
② 9 : 18
③ 8 : 4
④ $\frac{1}{2} : \frac{1}{4}$

つぎの計算をしてください。

⑤ 1000ml のコーヒーを、A さん : B さん = 2 : 3 で分けたときの A さんのコーヒーの量（ml）
⑥ 8 個のプリンを、A さん : B さん = 1 : 3 で分けたときの A さんの取り分。

・・・・・・・・・・・・・・・・・・・・・・・・・・・・・・答えと解説・・・・・・・・・・・・・・・・・・・・・・・・・・・・・・

① 5 袋を 1 袋にすると考えて、1 : 3 となります。

毎回、このように考えるのは大変なので、つぎのようにできると覚えておくといいでしょう（5 袋を 1 袋にするということは、5 袋を 5 つに分けるということなのでつぎのようにできます。なお、下記の 5 は 5 でなくてもかまいません）。

○ : △の比になっているとき、○ : △ = ○ ÷ 5 : △ ÷ 5

これを逆から見れば 5 をかけていることになるので、つぎのようにもできます。

○ : △の比になっているとき、○ : △ = ○ × 5 : △ × 5

② それぞれを 9 でわって、1 : 2 になります。
③ それぞれを 4 でわって、2 : 1 になります。
④ それぞれに 4 をかけて、2 : 1 になります。
⑤ 1000 ÷ 5 × 2 = 400（ml）になります。
⑥ 8 ÷ 4 × 1 = 2（個）になります。

STEP 1

中学1年の
計算問題を
総復習

小学校では「算数」といっていたものが「数学」という言葉に変わりますが、ちがう勉強ではなく、まったく同じ勉強です。ただ、ここからは0より小さい数や正負(プラス・マイナス)のちがいに気をつけなければいけない計算がたくさん登場してきます。x、yといった文字を使った式や方程式、比例・反比例を利用した計算も多くなります。

1 正負の数

目標「$\dfrac{1}{3} - \dfrac{1}{2} =$」の計算

正負の関係が目でわかる数直線とは？

数直線とは、目盛りがある線のことで、真ん中が「0」、右に行くほど数字が大きくなります（逆に左に行くほど数字が小さくなります）。

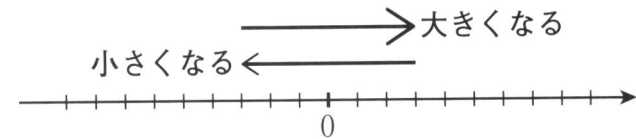

さて、つぎの数直線の（A）と（B）に注目してください。

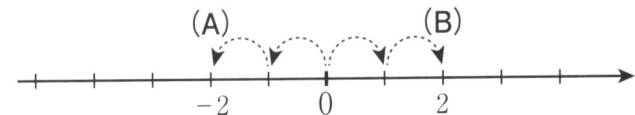

(B)は0よりも2目盛り大きな地点なので「＋2」と書きます。なお、「＋」は、通常、省略するので「2」とします。

(A) は0よりも2目盛りだけ小さな地点にあります。
このように、0よりも小さな数値には「－（マイナス）」という符号をそえて、「－2」と書きます。
いくつか数値を例示すると、つぎのようになります。

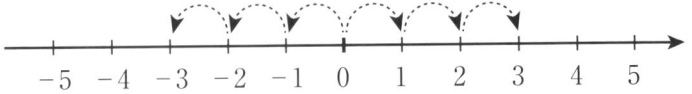

つぎを数直線を使って表してみましょう。

例題　先月は3万円の利益。今月は5万円の損失。

先月は3万円の利益がありました。数値が増えたわけなので、右に3つ目盛りを進めます。
また、今月は5万円の損失でした。数値が減ったわけなので、先ほどとは逆方向、すなわち左に5つ進めます。

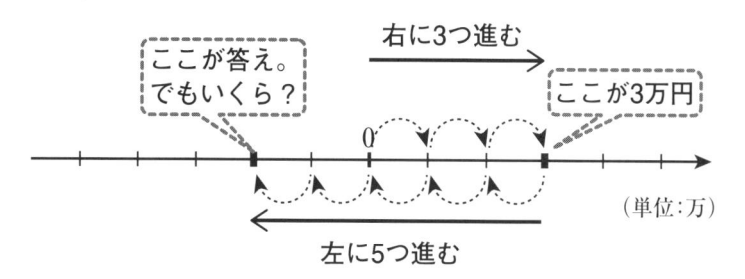

※なお、数直線のどこかに「単位」が書かれていることがあります。この場合「万」という単位があるので、1目盛り「1万」になります。

これは一体いくらでしょうか。
「2万円の損失」ですが、「損失」という言葉を使わずに数字だけで表すと、「−2」となります（万は省略）。

数直線を使った計算（たし算、ひき算）

例題　「5−8=」を数直線を使って計算してみましょう。

「5」のように＋も−もない場合は「＋5」と考えます（＋は通常省略されるためです）。右に5つ進みます。
−8には「−」がついています。−は＋の逆なので左に8つ進みます。
よって、答えは、「−3」になります（次ページ図）。

> 0から左に3つなので、−3

> +なので右に5つ進む

> 0から右に5つなので、+5

> −なので左に8つ進む

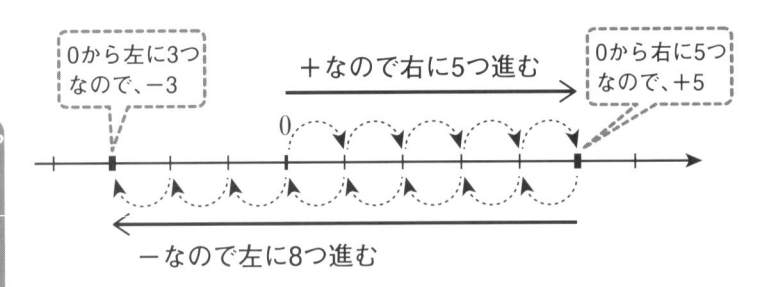

目標「$\frac{1}{3} - \frac{1}{2} =$」の計算（分数を数直線で表す）

目標問題の説明

それでは本項の目標の「$\frac{1}{3} - \frac{1}{2}$」を計算してみましょう。

分数のたし算、ひき算は、まずは通分します（分母を同じ数にします）。問題を通分すると「$\frac{2}{6} - \frac{3}{6}$」になります。

さて、分数は数直線ではどのように考えればいいのでしょうか。
「$\frac{1}{6}$」は「1つを等しく6つに分ける」でした。

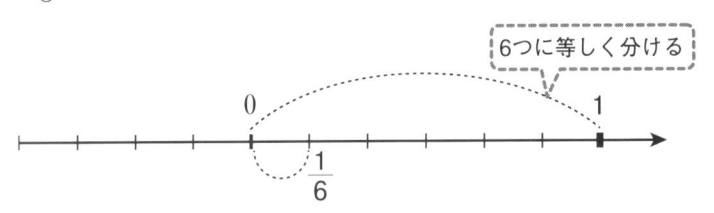

> 6つに等しく分ける

$\frac{2}{6}$ は $\frac{1}{6}$ の2つ分、$\frac{3}{6}$ は $\frac{1}{6}$ の3つ分です。だから、「$\frac{2}{6} - \frac{3}{6}$」は、つぎのようになります。

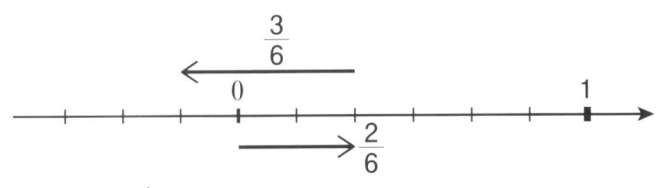

答えは「$-\frac{1}{6}$」になります。

練習問題&解説

つぎの問に答えてください。

① 0よりも5小さな地点（A）と3大きな地点（B）を数直線で表してください。

② 先月は2万円の損失でしたが、今月は3万円の利益でした。これを数直線で表してください。

③ $\frac{1}{3} - \frac{2}{3}$ を数直線で表してください。

・・・・・・・・・・・・・・・・・・・・・・・・ 答えと解説 ・・・・・・・・・・・・・・・・・・・・・・・・

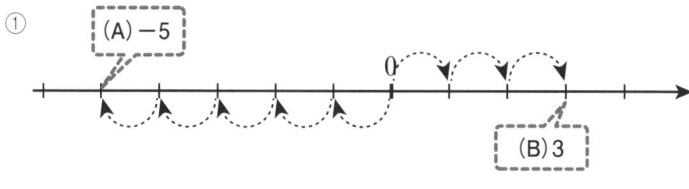

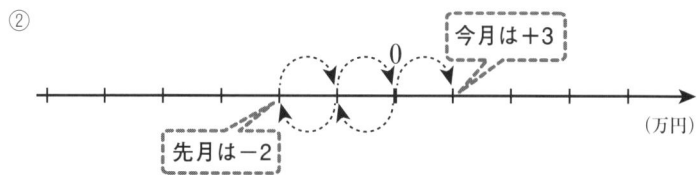

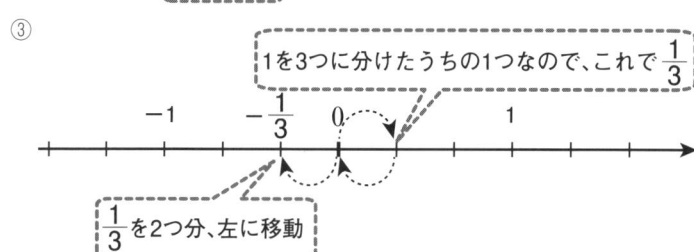

①　(A) −5　　(B) 3

②　先月は−2　　今月は+3　（万円）

③　$-\frac{1}{3}$ は1を3つに分けたうちの1つなので、これで $\frac{1}{3}$

$\frac{1}{3}$ を2つ分、左に移動

2 正負の数
目標 「(−3)×2×(−5)=」の計算

数直線を使ったかけ算1

例題 「−2×3=」を数直線を使って計算してみましょう。

「−2」は左に2目盛り進めたところです。「×3」は「3回コピーする」という意味ですが、コピーする方向に注意しましょう。「−2」と同じ方向にコピーします。

よって、つぎのようになって、答えは「−6」になります。

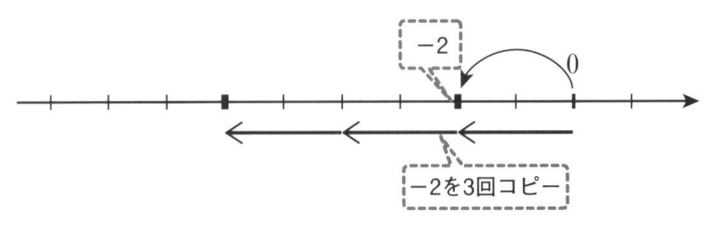

このように、**+の数値のかけ算は同じ方向にコピーする**と覚えておくといいでしょう。

数直線を使ったかけ算2

例題 「2×(−3)」を数直線を使って計算してみましょう。

2は「+2」なので右に2つ進んだところだとわかりますが、「×(−3)」がよくわからないと思います。これは、どのように考えればいいのでしょうか。

「×(−3)」を「×3」と「−」に分解して、「×3で3回コピーする」、「−で、それを逆の方向にする」と考えます。

```
×3      ➡  ┌──3回コピー──┐
×(−3)   ➡  ←─────●
            −で逆方向にする
```

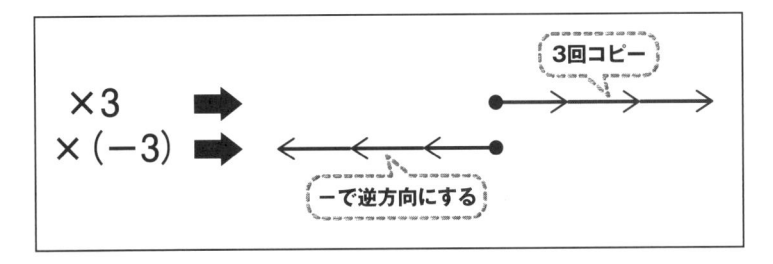

というわけで、例題ですが、「2を3回コピーして、それを逆にする」と考えます。

答えは「−6」になります。

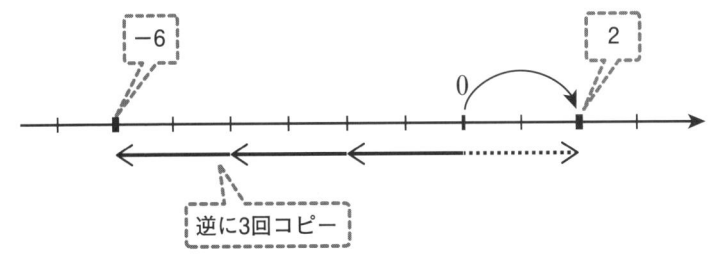

```
         −6                          2
─────────■──────────────0──────────■─────────→
         ←──────────────
             逆に3回コピー
```

このように、**−の数値のかけ算は逆方向にコピーする**と覚えておくといいでしょう。

数直線を使ったかけ算3

> **例題** 「(−3)×(−2)＝」を数直線を使って計算してみましょう。

これはもう解けるはずです。

「−3」は左に3進んだところ、「×(−2)」は、「逆方向に2回コピーする」と考えます。だから、「6」になります。

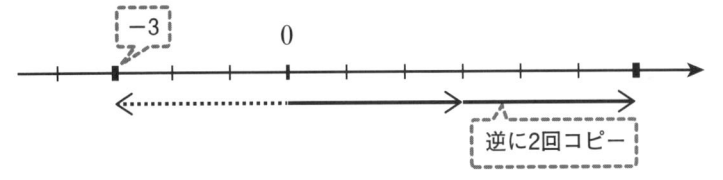

```
      −3        0
──────■─────────┼─────────────■──→
      ←─────────────→
                        逆に2回コピー
```

符号だけに着目しよう

目標問題の説明

簡単な計算だと数直線を思い浮かべると解けますが、たとえば目標問題の「(−3)×2×(−5)=」のような複雑な計算になると時間がかかってしまいます。

そこで、複雑なかけ算、わり算の場合は、つぎのように符号と数字を分けて考えるといいでしょう。

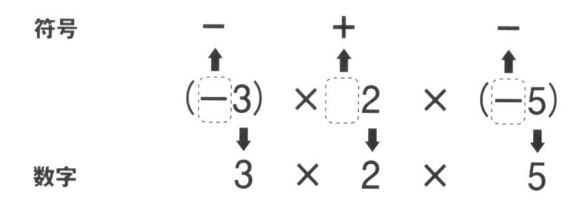

```
符号       −      +      −
           ↑      ↑      ↑
          (−3) × 2 × (−5)
           ↓      ↓      ↓
数字       3  ×  2  ×  5
```

数字の計算はできると思います(「30」になります)。
問題は符号です。符号はつぎのことを覚えておくといいでしょう。

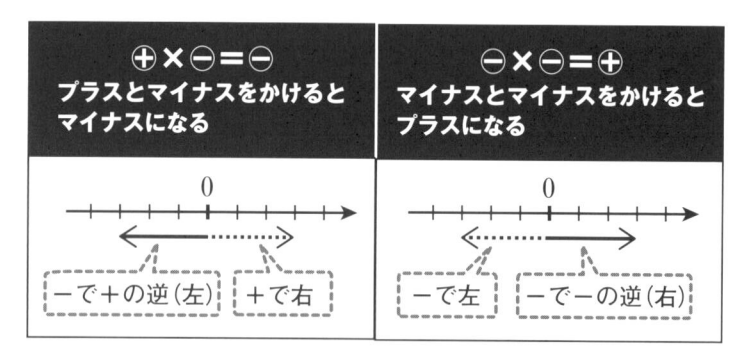

⊕×⊖=⊖	⊖×⊖=⊕
プラスとマイナスをかけるとマイナスになる	マイナスとマイナスをかけるとプラスになる
−で+の逆(左) / +で右	−で左 / −で−の逆(右)

というわけで、問の符号は、「⊖×⊕×⊖=⊕」になります。
答えは「30」となります。

練習問題&解説

つぎの問に答えてください。

① 「−3×4=」を、数直線を使って表してください。

② 「3×(−4)」を、数直線を使って計算してください。

③ 「(−3)×(−4)=」を、数直線を使って計算してください。

④ 数直線を使わず、「$a: 2×(−8)=$」「$b: (−2)×(−6)=$」「$c: 2×9=$」「$d: −5×9=$」を計算してください。

・・・・・・・・・・・・・・・・・・・・・・答えと解説・・・・・・・・・・・・・・・・・・・・・・

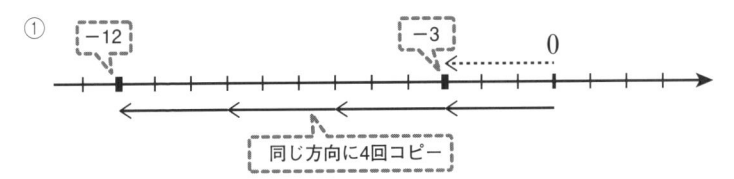

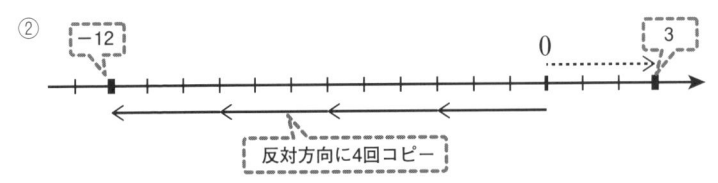

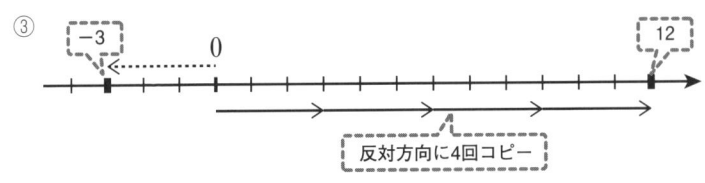

①
- −12
- −3
- 0

同じ方向に4回コピー

②
- −12
- 0
- 3

反対方向に4回コピー

③
- −3
- 0
- 12

反対方向に4回コピー

④ $a: −16$、$b: 12$、$c: 18$、$d: −45$

※符号だけで計算、数値だけで計算して、あとで符号と数字を合わせます。

3 正負の数

目標 「$\left(-\dfrac{2}{3}\right)\times\left(-\dfrac{3}{4}\right)-\dfrac{5}{6}\div 3=$」の計算

数直線を使った計算の応用1（たし算、ひき算）

例題 「$4-(-3)=$」を計算してみましょう。

この例題を解くにあたって問題になるのは「$-(-3)$」です。
これは、$(-1)\times(-3)$と考えるといいでしょう（1 は何をかけても 1 なので、かけ算では「1」はよく省略されます）。
符号だけに着目すると「$\ominus\times\ominus=\oplus$」、数字に着目すると「$1\times 3=3$」です。
だから、「$-(-3)=+3$」となります。
さて、例題に戻ります。「$4-(-3)=+4+3$」になるので、答えは「7」になります（＋は通常省略します）。

例題 「$8+(-4)=$」を計算してみましょう。

この例題を解くにあたって問題になるのは「$+(-4)$」です。
先ほどと同様に考えて、「$(+1)\times(-4)$」と考えます。
符号だけに着目すると「$\oplus\times\ominus=\ominus$」、数字に着目すると「$1\times 4=4$」です。
だから、「$+(-4)=-4$」となります。
例題に戻ります。「$8+(-4)=8-4=4$」となります。

数直線を使った計算の応用2（かけ算）

例題 「$-2\times\dfrac{5}{6}=$」を計算してみましょう。

少しむずかしく感じるかもしれませんが、符号（−）を気にしなければ今まで解いた問題と同じです。

というわけで、計算すると「$-2 \times 5 \times \frac{1}{6} = -10 \times \frac{1}{6}$」になるとわかります（11ページ参照）。

あとは、約分をすれば答えが「$-\frac{5}{3}$」になります。

$$-10 \times \frac{1}{6} = -\frac{10}{6} = -\frac{5}{3}$$

（2で約分）

ちなみに、これを数直線で表してみましょう。

「$-10 \times \frac{1}{6}$」は、-10 は左に10目盛り進めたところ、$\frac{1}{6}$ はそれを等しく6つに分けたうちの1つということです。

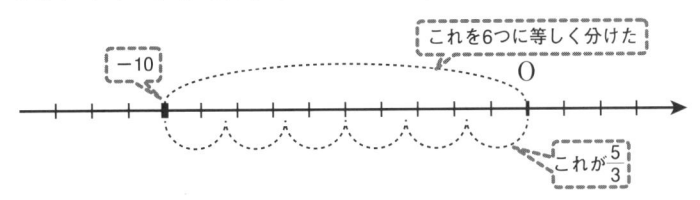

数直線を使った計算（わり算）

例題 「$-2 \div 4 =$」を数直線を使って計算してみましょう。

この例題に限った話ではありませんが、**わり算を見れば、かけ算にするクセをつけましょう。**

では「$\div 4$」をどのように、かけ算にすればいいのでしょうか。

「$4 \div 1 = 4$」です。つまり、「4」は「$\frac{4}{1}$」と表すことができます。

これがわかれば、問のわり算をかけ算にすることができるでしょう。

$$-2 \div 4 = -2 \div \frac{4}{1} = -2 \times \frac{1}{4}$$

わり算をかけ算にするときは逆数にする

約分をすると「$-\frac{1}{2}$」になります。

四則演算

目標問題の説明

計算する際にはルールがあります。

それは**「かけ算」「わり算」を先に計算して、「たし算」「ひき算」は後まわしにする**ということです。

しっかり覚えておきましょう。

というわけで、「$-2 \times 3 + 2 =$」を計算してみましょう。

$$-2 \times 3 + 2 = -6 + 2 = -4$$

（かけ算から先に計算） （その後に、たし算・ひき算を計算）

それでは目標問題の「$\left(-\dfrac{2}{3}\right) \times \left(-\dfrac{3}{4}\right) - \dfrac{6}{5} \div 3 =$」を計算してみましょう。

$$\left(-\frac{2}{3}\right) \times \left(-\frac{3}{4}\right) - \frac{6}{5} \div 3$$

（かけ算から先に計算） （わり算から先に計算）

$$= \frac{2}{3} \times \frac{3}{4} - \frac{6}{5} \boxed{\times} \frac{1}{3}$$

（⊖×⊖=⊕） （わり算をかけ算にするために逆数に）

$$= \frac{\cancel{2}^1}{\cancel{3}_1} \times \frac{\cancel{3}^1}{\cancel{4}_2} - \frac{\cancel{6}^2}{5} \times \frac{1}{\cancel{3}_1}$$

（3で約分）（2で約分） （3で約分）

$$= \frac{1}{2} - \frac{2}{5} = \frac{5}{10} - \frac{4}{10} = \frac{1}{10}$$

（通分）

練習問題&解説

つぎの計算をしてみましょう。

① $5-(-6)=$

② $3+(-3)=$

③ $-4 \times \frac{3}{2} =$

④ $-3 \div 6 =$

⑤ $5 \times (-2) + 3 \times 2 =$

⑥ $(-2) \times (-6) + (-3) \times 3 =$

⑦ $(-6) \times 2 - (-2) \times 3 =$

⑧ $(-\frac{1}{5}) \times (-\frac{10}{7}) - 2 \div 7 =$

⑨ $\frac{2}{3} \times \frac{3}{5} + \frac{6}{5} \div 2 =$

⑩ $(-\frac{1}{3}) \times 3 - \frac{1}{2} \div 3 + (-2) \times (-\frac{5}{6}) =$

⑪ $\frac{1}{2} \times \frac{3}{4} - \frac{3}{4} \div \frac{2}{3} + \frac{7}{8} =$

⑫ $3 \div 5 - \frac{3}{2} \div 3 =$

⑬ $\frac{1}{2} \times \frac{3}{4} + 2 \div 4 - (-\frac{1}{4}) \div (-\frac{2}{5}) =$

·······················答えと解説······················

① $5+6=11$ ② $3-3=0$ ③ -6

④ $-\frac{1}{2}$ ⑤ $-10+6=-4$ ⑥ $12-9=3$

⑦ $-12-(-6)=-12+6=-6$

⑧ $\frac{2}{7} - \frac{2}{7} = 0$

⑨ $\frac{2}{5} + \frac{3}{5} = 1$

⑩ $-1 - \frac{1}{6} + \frac{5}{3} = -\frac{6}{6} - \frac{1}{6} + \frac{10}{6} = \frac{3}{6} = \frac{1}{2}$

⑪ $\frac{3}{8} - \frac{9}{8} + \frac{7}{8} = \frac{1}{8}$

⑫ $\frac{3}{5} - \frac{1}{2} = \frac{6}{10} - \frac{5}{10} = \frac{1}{10}$

⑬ $\frac{3}{8} + \frac{2}{4} - \frac{5}{8} = \frac{3}{8} + \frac{4}{8} - \frac{5}{8} = \frac{2}{8} = \frac{1}{4}$

4 文字と式

目標　「1本50円の鉛筆をx本、1冊100円のノートを1冊だけ買ったときの代金」の計算

文字と式のイメージ1

買い物に行ったら、リンゴが1個100円だったので、いくつか買いました。いくらお金がかかったと思いますか。

この問を解こうにも、「いくつリンゴを買ったのか」わからないので、計算することができません。

このような場合、まずは、つぎのように具体的な数値で考えてみるといいでしょう（数値はいくつでもかまいませんが、計算を簡単にするため「1個」「2個」「3個」としています）。

・リンゴを1個買っていた場合の代金　：1個×100円
・リンゴを2個買っていた場合の代金　：2個×100円
・リンゴを3個買っていた場合の代金　：3個×100円

つぎに、リンゴ（個数）を「袋」に入れてみます。

すると、リンゴの代金はつぎのように表せることがわかります。

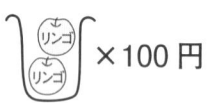

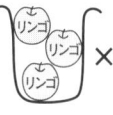

袋の中身を手でかくしてください。

リンゴの料金は、「袋(のなかのリンゴの数)×100円」と表せるのがわかるのではないでしょうか。

これを答えにしたいところですが、数学の問題では、イチイチ袋を描くわけにはいかないので、袋（のなかのリンゴの数）を、文字を使って表します。

ここでは、リンゴの個数は「a」という文字で表してみます。

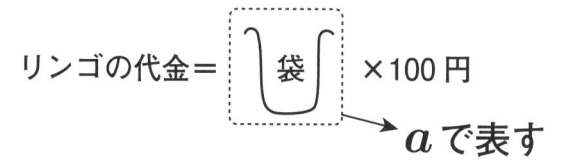

リンゴの代金＝ 袋 ×100円
→ a で表す

つまり、リンゴの代金は「$a×100$」で表すことができます。
このように、**数字だけではなく文字を使った式のことを文字式といいます。**
さて、今度はオレンジを3個買ったとします。いくらお金を使ったと思いますか。
計算しようにも、「オレンジが1個あたりいくらなのか」わからないので、いくらなのかわかりません。
このような場合、まずは具体的な数値で考えます（数値はいくらでもいいですが、計算を簡単にするために「1個100円」「1個200円」としています）。

・オレンジを1個あたり100円で買っていた場合の代金
：3個×100円
・オレンジを1個あたり200円で買っていた場合の代金
：3個×200円

今度は何を袋に入れればいいのでしょうか。
「わからないもの」を袋に入れるといいでしょう。
いまの問だと、「オレンジ1個あたりの値段」がわからないので、オレンジ1個あたりの値段を袋に入れます。

袋の中身を「b」とすれば、オレンジの代金は「$3 \times b$」と表せることがわかります。

このように、まずは具体的な数値で考えてイメージをつかんでから、わからないものを「a」なり、「b」なりに置き換えるといいでしょう。

文字と式のイメージ2

目標問題の説明

1本50円の鉛筆を数本と、1冊100円のノートを1冊だけ買いました。購入した鉛筆の数をx本とした場合の代金の合計を文字と式で表してみましょう。

さて、この問題で求めるものは「代金の合計」です。

代金の合計は「鉛筆にかかった代金＋ノートの代金」で計算できますが、このうち、鉛筆を何本買ったのかわからないので、鉛筆の代金がわかりません。このような場合は、まずは具体的な数値で考えます。

・買ったのが鉛筆1本の場合

：50円×1本（鉛筆の代金）＋100円（ノートの代金）

・買ったのが鉛筆2本の場合

：50円×2本（鉛筆の代金）＋100円（ノートの代金）

つぎに、袋に入れるのですが、何を袋に入れればいいのでしょうか。この場合、鉛筆が何本なのかわからないので、鉛筆の数を袋に入れます。

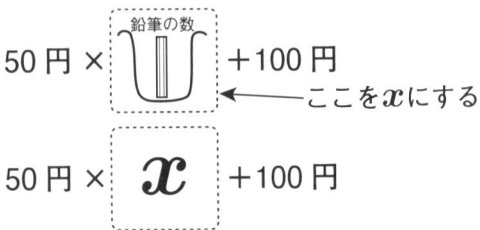

$$50\text{円} \times \boxed{}_{\text{鉛筆の数}} + 100\text{円}$$

ここをxにする

$$50\text{円} \times \boxed{x} + 100\text{円}$$

よって、「$50 \times x + 100$」、「$50x + 100$」になります。

練習問題&解説

つぎの問に答えてください。

① 買い物にいったら、大根が1本50円だったので、いくつか買いました。いくらお金がかかったと思いますか。購入した大根の数を x（本）として、文字式で表してください。

② ジュースを5本買いました。いくらお金がかかったのでしょうか。購入したジュース1本あたりの価格を a（円）として、文字式で表してください。

③ 1本100円のニンジンを数本と、1本150円の大根を2本買いました。購入したニンジンの数を b（本）とした場合の代金の合計を文字式で表してください。

④ 1本90円のボールペンを a（本）買ったときの代金を文字式で表してください。

⑤ 1冊1500円の本を3冊、1冊1000円の本を x 冊購入したときの代金を文字式で表してください。

⑥ 国語のテストの点数は60点、英語の点数は70点、数学の点数が x 点の場合、3科目の合計の点数を文字式で表してください。

⑦ 赤いボールが3個、黄色いボールが a（個）、青いボールが b（個）ありました。ボールは合計でいくつありますか。文字式で表してください。

・・・・・・・・・・・・・・・・・・・・・・・・・・・・・・・・・答えと解説・・・・・・・・・・・・・・・・・・・・・・・・・・・・・・・・・

慣れないうちは、文字式に違和感を覚えるものです。このページの練習問題を繰り返し解いて違和感を少なくしましょう。

① $50 \times x$

② $5 \times a$

③ $100 \times b + 300$

④ $90 \times a$

⑤ $4500 + 1000 \times x$

⑥ $60 + 70 + x = 130 + x$

⑦ $3 + a + b$

5 文字と式
目標 「$x×3-x×2$」の計算

文字のたし算、ひき算

> **例題**
> オレンジを2個買ったあと、追加で3個買いました。いくらお金を使ったのでしょうか。
> オレンジ1個あたりの価格をa(円)として、オレンジの代金を文字を使って表してみましょう。

例題ですが、つぎのように考えると、「$a×2+a×3$」となるとわかります。

リンゴの代金＝ 袋 × 2個 ＋ 袋 × 3個

　　　　　　　リンゴ1個あたりの価格が　　　追加で購入した分
　　　　　　　わからないので、aとした

実は「$a×2+a×3$」はまだ計算することができます。どのように計算すればいいのでしょうか。

その話の前に、まずは、「100円玉×2」、つまり100円玉を2回コピーしたときをイメージしてみましょう。

コピーすると、100円玉が2枚になるのはわかると思います（原本は除く）。つまり、「100円玉×2」は「100円玉＋100円玉」と表せることがわかると思います。

⑩⑩ × 2 →(2回コピーする)→ ⑩⑩ ⑩⑩ → ⑩⑩ ＋ ⑩⑩

052

つぎに100円玉を3回コピーしたときをイメージしてみてください。

今度は100円玉が3枚になることがわかります（原本を除く）。

(100) × 3 →3回コピーする→ (100)(100)(100) → (100)+(100)+(100)

これがわかれば、つぎのようになることも理解できると思います。

> (100)を5回コピーしたのと同じ

(100)×2 + (100)×3 = (100)+(100)+(100)+(100)+(100) = (100)×5

話を戻します。

「$a×2$」「$a×3$」はそれぞれつぎのようにイメージできます。

$a×2$ →2回コピーする→ a a → $a+a$

$a×3$ →3回コピーする→ a a a → $a+a+a$

というわけで、「$a×2+a×3=a+a+a+a+a=\boldsymbol{a}×5$」になります。
このように、**同じ文字の場合はさらに計算できることもある**ので、注意しましょう。

目標問題の説明

それでは、「$x×3−x×2$」を計算してください。

「$x×3=x+x+x$」、「$x×2=x+x$」と表せます。「$x×3−x×2$」ということは「$x+x+x$」から「$x+x$」をひいたわけなので、答えは x となることがわかります。

文字式のたし算、ひき算はこのように考えるとわかりやすいのですが、毎回このように考えるのは大変ですし、複雑な計算だとわからなくなってしまいます。

そこで、つぎのルールを覚えておくといいでしょう。

＜ルール＞

同じ文字同士のたし算・ひき算は、数字の部分だけを計算すればいい。

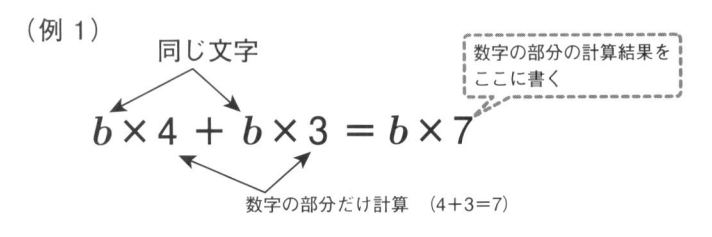

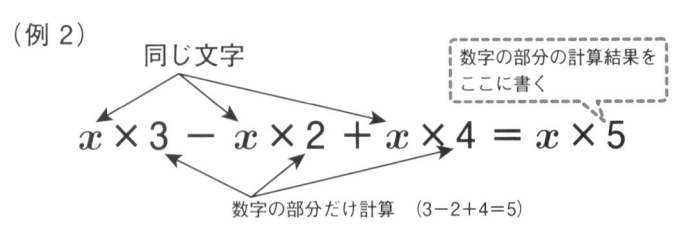

（例1）

同じ文字

$$b×4 + b×3 = b×7$$

数字の部分だけ計算 （4+3=7）

数字の部分の計算結果をここに書く

（例2）

同じ文字

$$x×3 − x×2 + x×4 = x×5$$

数字の部分だけ計算 （3−2+4=5）

数字の部分の計算結果をここに書く

もちろん、ちがう文字はこのように計算することはできません。たとえば「$5×a−5×b$」はこれ以上計算することができません。

練習問題＆解説

つぎの計算をしてみましょう。

① $3 \times a + 2 \times a =$

② $2 \times b - 4 \times b =$

③ $2 \times x + x \times 3 =$

④ $\frac{1}{2} \times x + \frac{1}{4} \times x =$

⑤ $3 \times a + 4 \times a - 8 \times a =$

⑥ $\frac{1}{3} \times a + \frac{1}{6} \times a - \frac{5}{12} \times a =$

⑦ $a \times \frac{2}{5} + \frac{1}{2} \times a - 2 \times a =$

⑧ $3 \times a + \frac{1}{3} \times a - 2 \times a =$

つぎの問に答えてください。

⑨ 1本150円のボールペンを x 本買ったあと、1本100円の鉛筆を x 本（ボールペンと同じ数）買いました。代金の合計を文字と式で表してください。

⑩ 1冊1500円の本を x 冊、1冊1000円の本を同じ x 冊、1冊500円の本を3冊購入したときの代金を文字式で表してください。

・・・・・・・・・・・・・・・・・・・・・・・・・・・答えと解説・・・・・・・・・・・・・・・・・・・・・・・・・・・

① $5 \times a$

② $-2 \times b$　※$-2 = 2 - 4$

③ $2 \times x + 3 \times x = 5x$　※かけ算は入れ替えてもいい（例：$x \times 3$ も、$3 \times x$ も同じ）。

④ $\frac{2}{4} \times x + \frac{1}{4} \times x = \frac{3}{4} \times x$

⑤ $-a$（$-1 \times a$ も同じこと）

⑥ $\frac{4}{12} \times a + \frac{2}{12} \times a - \frac{5}{12} \times a = \frac{1}{12} \times a$

⑦ $\frac{4}{10} \times a + \frac{5}{10} \times a - \frac{20}{10} \times a = -\frac{11}{10} \times a$

⑧ $3 \times a - 2 \times a + \frac{1}{3} \times a = a + \frac{1}{3} a = \frac{4}{3} a$

⑨ $150 \times x + 100 \times x = 250 \times x$

⑩ $1500 \times x + 1000 \times x + 500 \times 3 = 2500 \times x + 1500$

6 文字と式

目標 「$x \div \dfrac{x}{2} =$」の計算

STEP 1

文字式のルール1

リンゴの代金は「$100 \times a$」、オレンジの代金は「$3 \times b$」などと表しました。

これはまちがいではありませんが、文字で式を表すとき、つぎのようなルールがあります。ルールに従って書くようにしましょう。

＜文字式のルール＞

【ルール1】 ×は書かない

(例1) 　　($\triangle$)$200 \times x$ 　　($\bigcirc$)$\boldsymbol{200x}$

(例2) 　　($\triangle$)$200 \times a \times b$ 　　($\bigcirc$)$\boldsymbol{200ab}$

【ルール2】 1は書かない

(例) 　　($\triangle$)$1 \times x$ 　　($\bigcirc$)$\boldsymbol{x}$

【ルール3】 数字をはじめに書く

(例2) 　　($\triangle$)$a \times 5$ 　　($\bigcirc$)$5 \times a = \boldsymbol{5a}$

【ルール4】 $abcd \sim$（アルファベッドの順）にする

(例2) 　　($\triangle$)$c \times b \times a$ 　　($\bigcirc$)$a \times b \times c = \boldsymbol{abc}$

【ルール5】 ÷は×にして、×は書かない

このルールについては後述します。

だから、$100 \times a = 100a$、$3 \times b = 3b$ とします。

文字式のルール2

例題 「$a \div \dfrac{2}{b}$」をルール5の通りに書き換えてみましょう。

まずは、÷を×にします。どのようにすればいいのかはすでに学習しています。「逆数（分母と分子を入れ替える）」にするのでした。「$\dfrac{2}{b}$」の逆数はどのようにすればいいのでしょうか。

文字でわかりにくい場合は、具体的な数値と一緒に考えるといいでしょう。

$$\div \dfrac{2}{b} \xrightarrow{\text{分母と分子を入れ替える}} \times \dfrac{b}{2}$$

（例） $\div \dfrac{4}{3} \xrightarrow{\text{分母と分子を入れ替える}} \times \dfrac{3}{4}$

というわけで、つぎになります。

$$a \div \dfrac{2}{b} = a \times \dfrac{b}{2} = \dfrac{a \times b}{2} = \dfrac{ab}{2} \quad \text{×は書かない}$$

例題 「$3 \div a$」をルール5の通りに書き換えてみましょう。

まずは、÷を×にするために逆数にします。ただ「$\div a$」の逆数はどのように表せばいいのかわからないと思います。

文字でわかりにくい場合は、具体的な数値と一緒に考えるといいでしょう。具体的には「4」の逆数を思い出すといいでしょう。

1でわってもaになるので、÷1を入れた

$a \rightarrow a \div 1 \rightarrow \dfrac{a}{1}$ （例） $4 \rightarrow 4 \div 1 \rightarrow \dfrac{4}{1}$

$\div a \rightarrow \div \dfrac{a}{1} \rightarrow \times \dfrac{1}{a}$ $\div 4 \rightarrow \div \dfrac{4}{1} \rightarrow \times \dfrac{1}{4}$

というわけで、つぎになります。

$$3 \div a = 3 \times \frac{1}{a} = \frac{3 \times 1}{a} = \frac{3}{a}$$

文字の約分

目標問題の説明

「$x \div \frac{x}{2}$」を計算してみましょう。

つぎまでは、すでに学習しているのでわかると思います。

$$x \div \frac{x}{2} = x \times \frac{2}{x} = \frac{x \times 2}{x}$$

あとは、x で約分すると答えが出ます。

$$= \frac{{}^1\cancel{x} \times 2}{{}_1\cancel{x}} = \frac{1 \times 2}{1} = 2$$

（xで約分（xでわる））
（1でわっても、1をかけても2）
（xで約分（xでわる））

ちなみに、「7÷7＝1」「9÷9＝1」のように同じ数値でわると「1」になりますが、それと同じで「$x \div x = 1$」となります。違和感があると思いますが、**同じ文字でわると「1」になる**ことを覚えておきましょう。

練習問題&解説

ルールに従って、つぎの文字式を書き換えてください。

① $a \times 200 + 1 \times b =$

② $c \times 7 \times a \times 3 =$

③ $a \div \dfrac{3}{4} =$

④ $3 \div x =$

⑤ $x \div 2y =$

つぎの計算をしてみましょう。

⑥ $x \div \dfrac{3}{y} =$

⑦ $a \div 2 + a \div 3 =$

⑧ $a \div \dfrac{1}{3} - a \div \dfrac{1}{2} =$

⑨ $a \div \dfrac{a}{3} - x \div \dfrac{x}{4} =$

······················答えと解説······················

① $200a + b$

② $21ac$

③ $a \times \dfrac{4}{3} = \dfrac{4}{3}a$ または $\dfrac{4a}{3}$

④ $\dfrac{3}{x}$

⑤ $\dfrac{x}{2y}$

⑥ $x \times \dfrac{y}{3} = \dfrac{xy}{3}$

⑦ $a \times \dfrac{1}{2} + a \times \dfrac{1}{3} = a \times \dfrac{3}{6} + a \times \dfrac{2}{6} = a \times \dfrac{5}{6} = \dfrac{5}{6}a$

⑧ $a \times 3 - a \times 2 = a$

⑨ $a \times \dfrac{3}{a} - x \times \dfrac{4}{x} = 3 - 4 = -1$

7 文字と式
目標 「$a^3 \div (-a)^2 =$」の計算

累乗とは

「2×2×2＝」を別の表現を使って表しましょう。
2を3回かけているため、つぎのように表します。

$$2 \times 2 \times 2 = 2^3$$

（2を3回かけているマーク）

このように同じ数を何回かかけることを「累乗」といいます。
では、「5×5＝」を別の表現を使って表してみましょう。
5を2回かけているため、「5^2」と表します。

累乗の計算1

「$3^2 =$」を計算してください。
3を2回かけるということなので、「3×3＝9」になります。
では、「$(-3)^2 =$」を計算すると、どうなるのでしょうか。
まずは、（　）の中を手でかくしてみてください。すると、（　）を
2回かけることがわかります。

$$(\text{かくす})^2 = (\quad) \times (\quad)$$

（　）を元に戻すと、つぎのようになります。

$$(-3)^2 = (-3) \times (-3) = 9$$

つぎに「-3^2」を計算してみましょう。

−3ではなく、3を2回かけているということがわかれば答えがわかります。もし−3を2回かけたいのなら、$(-3)^2$とします。

$$-3^2$$

↑ 3を2回かけているマーク

「$-3^2=-3×3=-9$」になります。

累乗の計算2

例題 「$\left(\dfrac{1}{2}\right)^2 × 2^3 =$」を計算してみましょう。

わからない場合は「別の表現を使う」といいでしょう。

$\left(\dfrac{1}{2}\right)^2$は、$\dfrac{1}{2}$を2回かけるということなので、「$\dfrac{1}{2} × \dfrac{1}{2}$」になります。

2^3は、2を3回かけるということなので「$2×2×2$」になります。

$$\left(\dfrac{1}{2}\right)^2 × 2^3 = \left(\dfrac{1}{2}\right) × \left(\dfrac{1}{2}\right) × 2 × 2 × 2$$

それぞれ別の表現にした

これを計算して、答えは「2」になります。

このように、むずかしく見える問題も別の表現にすることでわかるようになります。

累乗(文字式)1

「$a×a×a=$」を別の表現を使って表しましょう。

「aを3回かけている」ため、つぎのように表します。

$$a×a×a=a^3$$

↑ aを3回かけているマーク

さて、今度は「$(-a)×(-a)=$」を別の表現で表してみましょう。
符号と数値は別に計算するのでした（42ページ）。文字式の場合も同様に符号と文字も別に計算します。
というわけで、まずは符号ですが、「$\ominus×\ominus=\oplus$」となります。
つぎに、文字ですが、「$a×a=a^2$」となります。
符号と文字を合わせて「$+a^2$」、「a^2」になります。

最後に、「$a×(-a)=$」を別の表現で表してみましょう。
符号と文字は別に計算します。
というわけで、まずは符号ですが、「$\oplus×\ominus=\ominus$」となります。
つぎに、文字ですが、「$a×a=a^2$」となります。
符号と文字を合わせて「$-a^2$」になります。

累乗（文字式）2

目標問題の説明

「$a^3÷(-a)^2=$」を計算してみましょう。
つぎのようになります。

$$a^3÷(-a)^2 = a^3÷\frac{(-a)^2}{1} = a^3×\frac{1}{(-a)^2}$$

この先がわからない場合は別の表現にします。
a^3 は「$a×a×a$」、$(-a)^2$ は「$(-a)×(-a)=a×a$」になるので、つぎのようになります。よって答えは「a」になります。

$$=a×a×a×\frac{1}{a×a}=\frac{\overset{1}{\cancel{a}}×\overset{1}{\cancel{a}}×a}{\cancel{a}×\cancel{a}}=a$$

（aで約分）

練習問題＆解説

つぎの計算をしてみましょう。

① $2^4 =$

② $(-2)^4 =$

③ $-2^4 =$

④ $\left(\dfrac{1}{3}\right)^2 \times 3^3 =$

つぎの文字式の計算をしてみましょう。

⑤ $a \times a \times a =$

⑥ $(-a) \times (-a) \times (-a) =$

⑦ $a \times a^2 \div (-a) =$

⑧ $(-a)^2 \times a^3 =$

⑨ $x^3 \times x^2 \times (-x)^2 \div x^4 =$

・・・・・・・・・・・・・・・・・・・・・・・・・・・・・・・答えと解説・・・・・・・・・・・・・・・・・・・・・・・・・・・・・・・

① $2 \times 2 \times 2 \times 2 = 16$

② $(-2) \times (-2) \times (-2) \times (-2) = 16$

③ $-2 \times 2 \times 2 \times 2 = -16$

④ $\left(\dfrac{1}{3}\right) \times \left(\dfrac{1}{3}\right) \times 3 \times 3 \times 3 = 3$

⑤ a^3

⑥ $-a^3$

⑦ $a \times a \times a \div (-a) = a \times a \times a \times \dfrac{1}{-a} = -a \times a = -a^2$

⑧ $(-a) \times (-a) \times a \times a \times a = a^5$

⑨ $\dfrac{x^3 \times x^2 \times (-x)^2}{x^4} = \dfrac{\cancel{x} \times \cancel{x} \times \cancel{x} \times \cancel{x} \times x \times (-x) \times (-x)}{\cancel{x} \times \cancel{x} \times \cancel{x} \times \cancel{x}} = x^3$

8 文字と式

目標 「$(-a)^2 \div a^3$」に $a=5$ を代入

代入1

> **例題** リンゴの1個あたりの価格を100円、購入したリンゴの数を a とすると、リンゴの代金は「$100a$」と表せます。
> さて、購入したリンゴの数が3個のとき、リンゴの代金はいくらになるでしょうか。

そもそもリンゴをいくつ買ったのかわからないため、a という文字を使ってリンゴの個数を表していました。

リンゴの代金＝ 袋 × 100 円

（リンゴをいくつ買ったのかわからないので、a とする）

リンゴを3個購入したということは、袋のなかにリンゴが3つあるということなので、答えは「3(個)×100(円)＝300(円)」になります。

では、購入したリンゴの数が5個のとき、リンゴの代金はいくらになるでしょうか。

同様に考えて、「5(個)×100(円)＝500(円)」になります。

これを式だけで見てみましょう。

リンゴの代金を表す「$100a$」という文字式がありました。

その式の a（リンゴの個数）を「$a=3$」という値にした場合、「$100 \times 3 = 300$」になりましたし、「$a=5$」という値にした場合、「$100 \times 5 = 500$」になりました。

このように、**文字式の文字に値を入れることを「代入」**といいます。

では、「$2x+1$」に $x=3$ を代入してみましょう。
「$2x+1$」は、つぎのように考えられます。

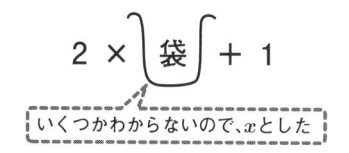

$$2 \times \fbox{袋} + 1$$

いくつかわからないので、xとした

今、袋のなかは「3」ということなので、「$2\times 3+1$」として、「$6+1=7$」となります。

代入2

「$-a+1$」に $a=3$ を代入してみましょう。
これは、そのまま「$-3+1=-2$」と考えます。
つぎは「$-a+1$」に $a=-3$ を代入してみましょう。
これは、つぎのように考えます。

$$-\boxed{a}+1 = -\boxed{(-3)}+1 = 3+1 = 4$$

ここが「-3」　　ここは元はaだった　　$(-1)\times(-3)$と考えて3

つぎは「$-(-a)+1$」に $a=3$ を代入してみましょう。
これは、まずは文字式の計算をします。

$$-(-a)+1 = \boxed{a}+1$$

$(-1)\times(-a)$と考えてa
ここが「3」

その後に、$a=3$ を代入して、答えは「4」になります。

代入3

例題 「$(-a)^2 \times 9$」に $a = \dfrac{1}{3}$ を代入してください。

代入する前に、まずは文字式を簡単にします。

$$(-a)^2 \times 9 = (-a) \times (-a) \times 9 = a \times a \times 9$$

（−の符号だけを計算）

あとは、これに $a = \dfrac{1}{3}$ を代入すると、答えは「1」になります。

代入4

目標問題の説明

「$(-a)^2 \div a^3 =$」に $a = 5$ を代入してください。

代入する前に、まずは文字式を簡単にしてしまいましょう。

$$(-a)^2 \div a^3 = (-a)^2 \times \dfrac{1}{a^3}$$

（$a^3 \div 1 = \dfrac{a^3}{1}$）

$$= a \times a \times \dfrac{1}{a \times a \times a} = \dfrac{\overset{1}{\cancel{a}} \times \overset{1}{\cancel{a}} \times 1}{\underset{1}{\cancel{a}} \times \underset{1}{\cancel{a}} \times a} = \dfrac{1}{a}$$

（aで約分）

その後に、$a = 5$ を代入します。答えは「$\dfrac{1}{5}$」になります。

最後に、「$\dfrac{6}{a}$」に $a = \dfrac{1}{3}$ を代入してみましょう。

わからない場合は別の表現に変えます。具体的には「$\dfrac{6}{a} = 6 \div a$」にします。これでわかるのではないでしょうか。

あとは、これに $a = \dfrac{1}{3}$ を代入して「$6 \div \dfrac{1}{3} = 6 \times 3 = 18$」となります。

練習問題&解説

つぎの問に答えてください。

① 1本50円の鉛筆をx本買いました。鉛筆の代金を文字式で表してください。また、$x=5$のときの鉛筆の代金はいくらでしょうか。

② $2x+3$に、$x=2$を代入してください。

③ $-a+3$に$a=-1$を代入してください。

④ $4-2x$に$x=-2$を代入してください。

⑤ $3a-7a+2a$に、$a=-2$を代入してください。

⑥ 「$a^2 \div a^3 =$」に$a=-2$を代入してください。

⑦ 「$(-a)^2 \times (-a) \div (-a)^4$」に「$a=\dfrac{1}{2}$」を代入してください。

········答えと解説········

① 鉛筆の代金は$50x$と表せます。$x=5$を代入して250となります。

② $2 \times 2 + 3 = 7$ ③ $-(-1) + 3 = 4$

④ $4 - 2 \times (-2) = 4 + 4 = 8$

⑤ 文字式を計算すると、$-2a$となります。ここに$a=-2$を代入します。$-2 \times (-2) = 4$になります。

⑥ $a^2 \times \dfrac{1}{a^3} = \dfrac{\overset{1}{\cancel{a}} \times \overset{1}{\cancel{a}} \times 1}{\underset{1}{\cancel{a}} \times \underset{1}{\cancel{a}} \times a} = \dfrac{1}{a}$

これに$a=-2$を代入します。よって、$-\dfrac{1}{2}$になります。

⑦ 先に文字式を計算します。

$$\dfrac{(\overset{1}{\cancel{-a}}) \times (\overset{1}{\cancel{-a}}) \times (\overset{1}{\cancel{-a}})}{(\underset{1}{\cancel{-a}}) \times (\underset{1}{\cancel{-a}}) \times (\underset{1}{\cancel{-a}}) \times (-a)} = \dfrac{1}{-a}$$

これに、$a=\dfrac{1}{2}$を代入します。どのように代入すればいいのでしょうか。先ほどの式を$1 \div (-a)$とします。これに代入します。

$1 \div \left(-\dfrac{1}{2}\right) = 1 \times \left(-\dfrac{2}{1}\right)$ よって、答えは-2です。

9 文字と式
目標 「$(4a+8)\div2=$」の計算

一次式のかけ算

「$(x+1)\times2=$」を計算してみましょう。

まずは、（ ）のなかを指でかくしてみてください。

すると、「（ ）×2」になって、（ ）を2回コピーすればいいとわかります。「（ ）+（ ）」になります。

$$(\text{かくす})\times2 \xrightarrow{\text{2回コピー}} (\ )(\ ) \longrightarrow (\ )+(\ )$$

（ ）を元に戻すと、問題は「$(x+1)+(x+1)=2x+2$」になります。
簡単な問題だとこれで解くことができますが、複雑になるとわからなくなってしまいます。

そこで、つぎのルールを覚えておくといいでしょう。

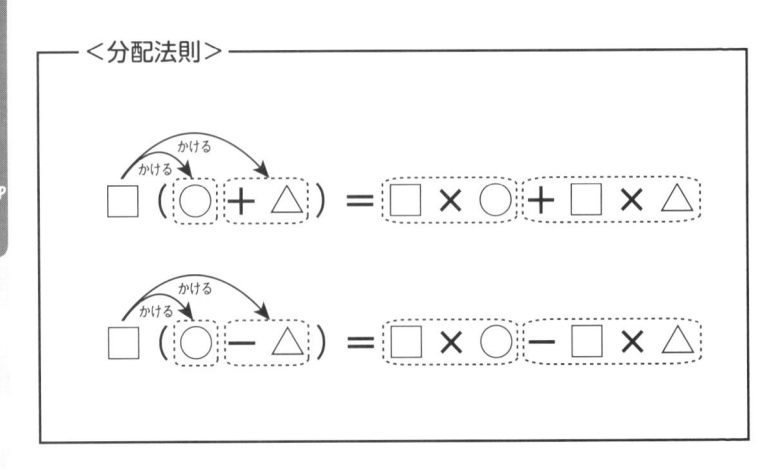

― <分配法則> ―

$$\square\,(\bigcirc + \triangle) = \square \times \bigcirc + \square \times \triangle$$

$$\square\,(\bigcirc - \triangle) = \square \times \bigcirc - \square \times \triangle$$

068

では、このルールを使って「2(x+5)」の（　）をはずしてみましょう。
つぎのようになります。

$$2(x+5) = 2 \times x + 2 \times 5 = 2x+10$$

つぎに「3(2x-1)」の（　）をはずしてみましょう。
つぎのようになります。

$$3(2x-1) = 3 \times 2x - 3 \times 1 = 6x-3$$

一次式のひき算

「-(-3x+2)」の（　）をはずしてください。
-は(-1)と考えればいいのでした。だから問題は「(-1)×(-3x+2)」と考えます。
これがわかれば、あとはつぎのようにするだけです。

$$(-1) \times (-3x+2)$$
$$= (-1) \times (-3x) + (-1) \times 2 = 3x-2$$

では、「-(3x-2)＝」の（　）をはずしてみましょう。
これは、つぎのように考えるといいでしょう。

$$(-1) \times (3x - 2) = -3x + 2$$

かける / かける / $(-1) \times (-2) = +2$

例題 「$2(-x+3)-(-x+5)=$」を計算してみましょう。

まずは（ ）をはずします。

$$2(-x+3) - (-x+5)$$

－は$(-1)\times$と考えます

$$= -2x + 6 + x - 5$$

－をかけたので符号が変わります

$$= (-2+1)x + 1$$

よって、「$-x+1$」となります。

一次式のわり算

目標問題の説明

それでは本項の目標問題「$(4a+8) \div 2 =$」を計算してみましょう。
わり算はかけ算にすることができました。
よって、問題は「$(4a+8) \times \dfrac{1}{2}$」となります。あとは分配法則で（ ）をはずすといいでしょう。

$$(4x+8) \times \dfrac{1}{2} = 2x + 4$$

練習問題&解説

つぎの計算をしてみましょう。

① $2 \times (2x-3) =$

② $-2 \times (-3x-2) =$

③ $(a+2) \div 2 =$

④ $\dfrac{1}{3} \times (3a+6) =$

⑤ $-(2x-8) - 2(-3x-1) =$

⑥ $\dfrac{1}{2} \times (4x-2) - (2x+1) =$

⑦ $(6x-9) \div 3 - (-4x-2) \div (-2) =$

⑧ $(3x-1) \div 2 - (4x+2) \div 3 =$

⑨ $(4x-2) \div 2 - 2(-x+3) - (4x-8) \div 4 - 2(3x-2) =$

·············答えと解説·············

① $2 \times 2x - 2 \times 3 = 4x - 6$

② $-2 \times (-3) \times x + (-2) \times (-2) = 6x + 4$

③ $(a+2) \times \dfrac{1}{2} = a \times \dfrac{1}{2} + 2 \times \dfrac{1}{2} = \dfrac{1}{2}a + 1$

④ $\dfrac{1}{3} \times 3a + \dfrac{1}{3} \times 6 = a + 2$

⑤ $(-1) \times 2x + (-1) \times (-8) + (-2) \times (-3x) + (-2) \times (-1)$
 $= -2x + 8 + 6x + 2 = 4x + 10$

 ※「$2x-8 = 2x+(-8)$」、「$-3x-1 = -3x+(-1)$」と考えます。

⑥ $\dfrac{1}{2} \times 4x - \dfrac{1}{2} \times 2 + (-1) \times 2x + (-1) \times 1 = 2x - 1 - 2x - 1 = -2$

⑦ $(6x-9) \times \dfrac{1}{3} + (-1) \times (-4x-2) \times (-\dfrac{1}{2})$
 $= (6x-9) \times \dfrac{1}{3} + (-4x-2) \times \dfrac{1}{2} = 2x - 3 - 2x - 1 = -4$

 ※$-(-4x-2) \div (-2) = (-1) \times (-4x-2) \div (-2)$と考えます。

⑧ $(3x-1) \times \dfrac{1}{2} - (4x+2) \times \dfrac{1}{3} = \dfrac{3}{2}x - \dfrac{1}{2} - \dfrac{4}{3}x - \dfrac{2}{3}$
 $= \dfrac{9}{6}x - \dfrac{8}{6}x - \dfrac{3}{6} - \dfrac{4}{6} = \dfrac{1}{6}x - \dfrac{7}{6}$

⑨ $(4x-2) \times \dfrac{1}{2} - 2(-x+3) - (4x-8) \times \dfrac{1}{4} - 2(3x-2)$
 $= 2x - 1 + 2x - 6 - x + 2 - 6x + 4 = -3x - 1$

10 文字と式

目標 「1本100円のボールペンをa個と200円のノートを買ったら正規の代金の2倍、請求された」ときの代金

分配法則

目標問題の説明

1本100円のボールペンをa個と200円のノートを買いましたが、正規の代金の2倍、請求されてしまいました。請求された金額は、どのような式で表すことができるのでしょうか。

正規の代金は「$100a+200$」と表すことができます。この2倍になるので「×2」にして「$100a+200×2=100a+400$」としてしまうかもしれませんが、これはまちがいです。

なぜなら、ノートの代金は2倍になっていても、ボールペンの代金は2倍になっていないためです。

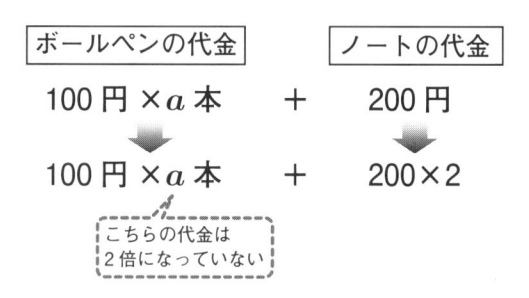

ボールペンの代金		ノートの代金
100円 ×a本	+	200円
⬇		⬇
100円 ×a本	+	200×2

　　　　　こちらの代金は
　　　　　2倍になっていない

では、どのように計算すればいいのでしょうか。
2つの方法があります。

方法1

つぎのように、代金に（ ）をつけて、ひとカタマリに示す方法です。（ ）のなかは正規の代金なので「(正規の代金) × 2」となり、

正規の代金の2倍ということを表すことができます。

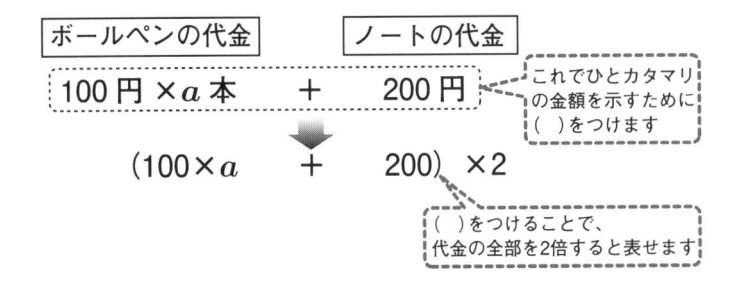

| ボールペンの代金 | ノートの代金 |

$$100円 \times a本 \quad + \quad 200円$$

これでひとカタマリの金額を示すために（ ）をつけます

$$(100 \times a \quad + \quad 200) \times 2$$

（ ）をつけることで、代金の全部を2倍すると表せます

方法2

もう1つの方法は、すべての代金を2倍する方法です。

| ボールペンの代金 | ノートの代金 |

$$100円 \times a本 \quad + \quad 200円$$

$$100 \times a \times 2 \quad + \quad 200 \times 2$$

というわけで、答えは「$200a + 400$」になります。

なお、この2つの方法で表した文字式は同じなので、「$(100a + 200) \times 2 = 100a \times 2 + 200 \times 2$」とすることができます。

これは、分配法則そのものです。

このように考えることで、分配法則も納得できるのではないでしょうか。

分配法則

$$\underbrace{(100a + 200) \times 2}_{\text{方法1}} = \underbrace{100a \times 2 + 200 \times 2}_{\text{方法2}}$$

分数のまとめ

数学をむずかしく感じる理由のひとつに、「同じことでも、いろいろな表現がある」ことがあります。

実際、わり算には、つぎのようにさまざまな表現があります(❶～❸は表現がちがうだけで、すべて同じです)。

❶ $\bullet \div 3$

❷ $\bullet \div 3 = \bullet \times \dfrac{1}{3}$ ← 逆数にする

$3 = 3 \div 1 = \dfrac{3}{1}$

❸ $\bullet \times \dfrac{1}{3} = \dfrac{\bullet}{1} \times \dfrac{1}{3} = \dfrac{\bullet \times 1}{1 \times 3} = \dfrac{\bullet \times 1}{3} = \dfrac{\bullet}{3}$

$\bullet = \bullet \div 1 = \dfrac{\bullet}{1}$

分数のかけ算は分母同士、分子同士をかけることができる

さて、「$(2x+3) \div 3 =$」を❷の形にしてみましょう。

( )はひとカタマリなので( )のなかを指でかくしてください。すると「( )$\div 3$」になることがわかります。これならば「( )$\div 3 = ($ $) \times \dfrac{1}{3}$」になることがわかるのではないでしょうか。

あとは( )を元に戻して、「$(2x+3) \times \dfrac{1}{3}$」になります。

つぎに、これを❸の形にしてみましょう。

( )のなかを指でかくすと、つぎのようになります。

$( ) = ( ) \div 1 = \dfrac{(\ )}{1}$

$( ) \times \dfrac{1}{3} = \dfrac{(\ )}{1} \times \dfrac{1}{3} = \dfrac{(\ ) \times 1}{1 \times 3} = \dfrac{(\ ) \times 1}{3}$

( )を元に戻すと $\dfrac{(2x+3) \times 1}{3}$、これは「$\dfrac{(2x+3)}{3}$」となります。

練習問題&解説

つぎの問に答えてください。

① 1本100円のボールペンをa個、200円のノートを買ったら正規の料金の半額だったときの料金

② 「2÷3」を左ページの❷❸の形に変えてください。

③ 2÷(−3)を左ページの❷❸の形に変えてください。

④ 「$(3x−2)÷\dfrac{3}{2}$」を左ページの❷❸の形に変えてください。

・・・・・・・・・・・・・・・・・・・・・・・・・・・答えと解説・・・・・・・・・・・・・・・・・・・・・・・・・・・

① $(100a+200)÷2=50a+100$

② ❷ $2×\dfrac{1}{3}$ ❸ $\dfrac{2}{1}×\dfrac{1}{3}=\dfrac{2×1}{1×3}=\dfrac{2}{3}$

③ ❷ $-2×\dfrac{1}{3}$ ❸ $\dfrac{2}{1}×\dfrac{1}{-3}=\dfrac{2×1}{1×(-3)}=-\dfrac{2}{3}$

④ ❷ まずは、( )のなかを指でかくします。すると「( )÷$\dfrac{3}{2}$=( )×$\dfrac{2}{3}$」になることがわかります。あとは( )を元に戻して「$(3x−2)×\dfrac{2}{3}$」になります。

❸ つぎのようになります。

$( )=( )÷1=\dfrac{( )}{1}$

$( )×\dfrac{2}{3}=\dfrac{( )}{1}×\dfrac{2}{3}=\dfrac{( )×2}{1×3}=\dfrac{( )×2}{3}$

( )を元に戻すと、$\dfrac{(3x−2)×2}{3}$ になります。これは $\dfrac{2(3x−2)}{3}$ となります。

11 文字と式

目標 「$\dfrac{2x-3}{2} - \dfrac{x+2}{3} =$」の計算

一次式、分数の通分1

目標問題の説明

さっそく、目標問題の計算をしてみましょう。

$$\dfrac{2x-3}{2} - \dfrac{x+2}{3} =$$

分数のたし算やひき算をするときには通分しました。この場合も通分するのですが、文字式があって、どのようにすればいいのかわからないのではないでしょうか。

このようなときは、まずは**分母・分子にある文字式を（ ）でくくって、ひとカタマリとしてみます**（A）。

$$\dfrac{(2x-3)}{2} - \dfrac{(x+2)}{3} =$$

つぎに通分して、分配法則で（ ）をはずします。

分母を6で通分するために×3　　分母を6で通分するために×2

$$\dfrac{(2x-3) \times 3}{2 \quad \times 3} - \dfrac{(x+2) \times 2}{3 \quad \times 2}$$

分配法則で（ ）をはずした　　分配法則で（ ）をはずした

$$= \dfrac{2x \times 3 - 3 \times 3}{6} - \dfrac{x \times 2 + 2 \times 2}{6}$$

$$= \dfrac{6x-9}{6} - \dfrac{2x+4}{6}$$

さて、(A) で、なぜ文字式に、イチイチ（ ）をつけたのでしょうか。

それは、通分の際に、つぎのようなまちがいをしてしまう人がいるためです。

$$\frac{2x-3\times 3}{2\ \ \times 3} - \frac{x+2\times 2}{3\ \times 2}$$

（$2x$に3をかけない）　（xに2をかけない）

$$= \frac{2x-9}{6} - \frac{x+4}{6}$$

（まちがい）　（まちがい）

文字式に（ ）をつけて、ひとカタマリで見る癖がついていれば、このようなまちがいはおかしませんので、慣れるまでは（ ）をつけるようにしましょう。

話を元に戻します。
先ほどの式を計算すると、ふたたび文字式が出てきます。そこで、ひとカタマリを示すために（ ）をつけます。ちなみに、ここでも文字式に（ ）をつけないとまちがえてしまいます。分数で文字式を見れば（ ）をつけるようにしましょう。

$$= \frac{(6x-9)}{2} - \frac{(2x+4)}{3}$$

さて、ここで「$\frac{5}{6} - \frac{1}{6} =$」の計算を思い出しましょう。
つぎのように計算しました。

$$\frac{5}{6} - \frac{1}{6} = \frac{5-1}{6}$$

これと同様にして、つぎのように計算します。

$$= \frac{(6x-9)-(2x+4)}{6} = \frac{6x-9-2x-4}{6}$$

$$= \frac{4x-13}{6}$$

> −は(−1)と考えて分配法則で( )をはずします

> この符号に注意

一次式、分数の約分

$$\frac{3x-9}{6} \qquad \frac{3x-\cancel{9}^{3}}{\cancel{6}_{2}}$$

A君は、左の式の約分をするために、右のようにしました。

これはまちがいですが、どこでまちがえているのでしょうか。また正しく約分するとどうなるのでしょうか。

実は、A君のようなまちがいをする人はたくさんいます。なぜまちがいなのか、もうわかるのではないでしょうか。

「$3x-9$」はひとカタマリとして考えます。だから、−9だけ3でわってはいけないのです（なぜなのかわからない場合は、72ページを読み直すといいでしょう）。

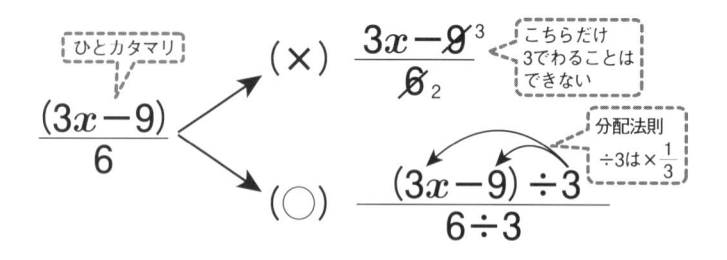

$$\frac{(3x-9)}{6}$$

(×) $\dfrac{3x-\cancel{9}^{3}}{\cancel{6}_{2}}$ ← こちらだけ3でわることはできない

(○) $\dfrac{(3x-9)\div 3}{6\div 3}$ ← 分配法則 ÷3は×$\frac{1}{3}$

> ひとカタマリ

これを計算すると答えは「$\dfrac{x-3}{2}$」になります。

練習問題＆解説

約分をしてください。

① $\dfrac{-6x-15}{9}$

② $\dfrac{2x-4}{2}$

つぎの計算をしてください。

③ $\dfrac{3x-2}{5} - \dfrac{x+3}{2} =$

·····················答えと解説·····················

① $\dfrac{\overset{2}{\cancel{-6}x-\cancel{15}}^{5}}{\underset{3}{\cancel{9}}} = \dfrac{-2x-5}{3}$

② $\dfrac{\overset{1}{\cancel{2}x-\cancel{4}}^{2}}{\underset{1}{\cancel{2}}} = \dfrac{x-2}{1} = x-2$

③ $\dfrac{(3x-2)}{5} - \dfrac{(x+3)}{2} = \dfrac{2\times(3x-2)}{2\times 5} - \dfrac{5\times(x+3)}{5\times 2}$

$= \dfrac{6x-4}{10} - \dfrac{5x+15}{10} = \dfrac{(6x-4)}{10} - \dfrac{(5x+15)}{10}$

$= \dfrac{(6x-4)-(5x+15)}{10} = \dfrac{6x-4-5x-15}{10}$

$= \dfrac{x-19}{10}$

12 方程式

目標 「$x+200=300$」の x を求める

方程式のたし算、ひき算1

「＝」の左側を左辺、右側を右辺といいます。

さて、「＝」で結ぶからには、左辺と右辺は常に等しくならないといけません。

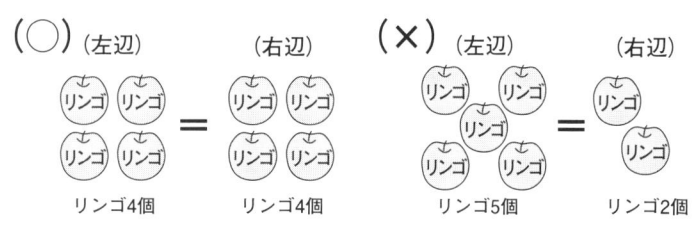

(○) (左辺) ＝ (右辺)
リンゴ4個　リンゴ4個

(✕) (左辺) ＝ (右辺)
リンゴ5個　リンゴ2個

さて、ここで（リンゴが3個）＝（リンゴが3個）であるとき、左辺からリンゴを1個ひいてみましょう（1個とってみましょう）。すると、右辺からもリンゴを1個ひかないといけないことがわかります。

同様に、左辺にリンゴを1個加えると、右辺にもリンゴ1個を加えないといけないことがわかります。

これを式で表すとつぎのようになります。

3個－1個＝3個－1個
3個＋1個＝3個＋1個

このように「＝」の左辺と右辺に数値をたしたり、ひいたりしても「＝」は成り立ちます。

さて、つぎの等式を見てください。

(A) 　(左辺) リンゴ3個 − リンゴ1個 = (右辺) リンゴ2個

これに左辺と右辺に、リンゴを1個たしてみましょう。

(B) 　(左辺) リンゴ3個 − リンゴ1個 + リンゴ1個 = (右辺) リンゴ2個 + リンゴ1個

すると、つぎのようになります。

(C) 　(左辺) リンゴ3個 = (右辺) リンゴ2個 + リンゴ1個

これを数値の式で表してみます。

(A) 3−1=2
(B) 3−1+1=2+1
(C) 3=2+1

ここで (A) と (C) に注目してください。
(−1) を右辺に移動させると、+1 になっているように見えます。

(A) 3 ⌊−1⌋ = 2

(C) 3 　　　 = 2 ⌊+1⌋

このように、**たし算、ひき算を「=」をまたいで移動させるとき、符号が変わる**と覚えておくといいでしょう。

(左辺)　(右辺)　　　　　(左辺)　(右辺)
$+2 =$　　➡　　$= -2$

(左辺)　(右辺)　　　　　(左辺)　(右辺)
$-3 =$　　➡　　$= +3$

方程式のたし算、ひき算2

目標問題の説明

「$x + 200 = 300$」の x を求めてみましょう。

文字が入っていてむずかしく感じたのなら、「x を本の代金、200 をノートの代金、300 を合計」と考えるといいでしょう。すると、つぎのように考えることができます。

　本の代金　ノートの代金　合計
　$x + 200 = 300$

　本の代金　ノートの代金　ノートの代金を抜く　合計　ノートの代金を抜く
　$x + 200 - 200 = 300 - 200$

　本の代金
　$x = 100$

ただ、これから問題は複雑になっていくので、つぎのように解くといいでしょう。

(左辺)　　　(右辺)
$x \boxed{+200} = 300$

$x = 300 \boxed{-200}$　　=をまたいだので「−」

練習問題＆解説

つぎの式の x を求めてください。

① $x+5=4$
② $x-7=-8$
③ $9=10+x$
④ $2x-(x-3)=7$
⑤ $10x=11x-(2+2x)$
⑥ $3x=2+2x$
⑦ $2a+3=a-5$
⑧ $6-(x+3)=11$
⑨ $-2(x-6)=-3x+9$
⑩ $3(2x+1)-5x=8$
⑪ $2(1+\frac{1}{2}x)=6$
⑫ $3+4(1+\frac{3}{4}x)=2x-5$

・・・・・・・・・・・・・・・・・・・・・・・・・・・答えと解説・・・・・・・・・・・・・・・・・・・・・・・・・・・

① $x=4-5$ となり、$x=-1$ となります。
② $x=-8+7$ となり、$x=-1$ となります。
③ 左辺と右辺は入れ替えてもかまいません。$x+10=9$、$x=9-10$ となり、$x=-1$ となります。
④ $2x-x+3=7$、$x+3=7$、$x=4$
⑤ $10x=11x-2-2x$、$10x-9x=-2$、$x=-2$
⑥ $3x-2x=2$、$x=2$
⑦ $2a-a=-5-3$、$a=-8$ になります。
⑧ $6-x-3=11$、$6-3-11=x$、$x=-8$
⑨ $-2x+12=-3x+9$、$-2x+3x=9-12$、$x=-3$
⑩ $6x+3-5x=8$、$x=8-3$、$x=5$
⑪ $2+x=6$、$x=6-2$、$x=4$
⑫ $3+4+3x=2x-5$、$3x-2x=-5-3-4$、$x=-12$

13 方程式

目標「$-\dfrac{1}{2}x+3=1$」の x を求める

方程式のかけ算、わり算

リンゴが2個あったとします。

(A) (左辺) リンゴ リンゴ = (右辺) リンゴ リンゴ

左辺のリンゴを2回コピーしたとします。すると、右辺のリンゴも2回コピーしなければならないのはわかるのではないでしょうか（もちろん、左辺は2回コピーしたのに、右辺を3回コピーするなどとしてはいけません）。

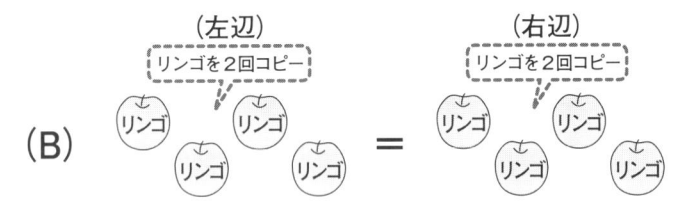

(B) (左辺) リンゴを2回コピー リンゴ リンゴ リンゴ リンゴ = (右辺) リンゴを2回コピー リンゴ リンゴ リンゴ リンゴ

同様に、左辺のリンゴを2つに等しく分ければ、右辺のリンゴも2つに等しく分けないといけないこともわかると思います。

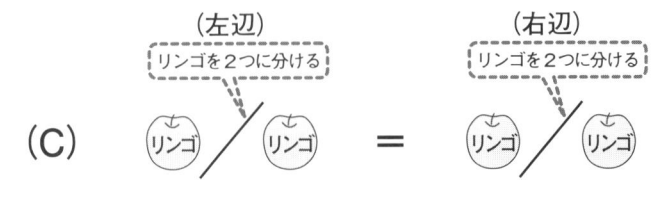

(C) (左辺) リンゴを2つに分ける リンゴ / リンゴ = (右辺) リンゴを2つに分ける リンゴ / リンゴ

これらのことを式で表すと、つぎのようになります。

(A) $2 = 2$
(B) $2 \times 2 = 2 \times 2$
(C) $2 \div 2 = 2 \div 2$

つまり、左辺に数字をかければ（この場合2）、右辺にも同じ数をかけなければならない、また、左辺をある数字でわれば（この場合2）、右辺も同じ数でわらなければならない、ということになります。

「方程式を解く」とは「$x=$」の形にすること

例題 「$2x=4$」を解いてみましょう。

解くということは、「$x=$」を求めるということです。というわけで、つぎのようにすることでこの式を解くことができます。

$$2x = 4$$
$$2x \div 2 = 4 \div 2$$
$$x = 2$$

「$x=$」にするために、2でわる
左辺を2でわったので、右辺も2でわる

では、「$3x=1$」を解いてみましょう。
これも同様に考えると解くことができます。

$$3x = 1$$
$$3x \div 3 = 1 \div 3$$
$$x = \frac{1}{3}$$

「$x=$」にするために、3でわる
左辺を3でわったので、右辺も3でわる

方程式のたし算、ひき算、かけ算、わり算

目標問題の説明

目標問題の「$-\dfrac{1}{2}x+3=1$」を解いてみましょう。

これを「$x=$」の形にするには、どうすればいいのでしょうか。

少しでも複雑になれば、まずは「$\bigcirc x=\triangle$」の形にするのを目指します。なぜなら、この形にできれば、あとは左辺と右辺を○でわれば答えを出せるためです。

さて、問題ですが、これを「$\bigcirc x=\triangle$」の形にするには、どうすればいいでしょうか。

つぎのようにすればいいとわかります。

$\bigcirc x=\triangle$にするにはこれがジャマ

$$-\dfrac{1}{2}x+3=1 \quad \Longrightarrow \quad -\dfrac{1}{2}x+3=1$$

「$=$」をまたぐと「$+$」が「$-$」になりました。

$$-\dfrac{1}{2}x=1-3 \quad \Longrightarrow \quad -\dfrac{1}{2}x=-2$$

これで「$\bigcirc x=\triangle$」の形になりました。あとは、つぎのようにすると答えが出ます。

−をかければ+にできる｜2をかければ1にできる

$$-\dfrac{1}{2}x=-2$$

左辺に(−2)をかけた｜右辺に(−2)をかけた

$$-\dfrac{1}{2}x \times (-2) = -2 \times (-2)$$

答えは「$x=4$」です。

練習問題＆解説

つぎの計算をしてみましょう。

① $3x=6$
② $5x=2$
③ $\frac{1}{2}x=-4$
④ $-3x=2$
⑤ $2x=-x+1$
⑥ $4x-5=8x-7$
⑦ $2x+3=5x-7$
⑧ $6(x+3)=3x-(2x+2)$
⑨ $2(x-2)-3(-x+2)=6$
⑩ $\frac{1}{2}(3x+2)-\frac{1}{3}(3x-6)=0$
⑪ $4(x+2)=3(x-2)$
⑫ $\frac{2}{3}x-\frac{1}{3}=-\frac{1}{4}x+\frac{7}{4}$

·······················答えと解説························

① $x=2$ ② $x=\frac{2}{5}$ ③ $x=-8$
④ $x=-\frac{2}{3}$ ⑤ $2x+x=1$、$3x=1$、$x=\frac{1}{3}$
⑥ $4x-8x=-7+5$、$-4x=-2$、$x=\frac{1}{2}$
⑦ $2x-5x=-7-3$、$-3x=-10$、$x=\frac{10}{3}$
⑧ $6x+18=3x-2x-2$、$5x=-20$、$x=-4$
⑨ $2x-4+3x-6=6$、$5x=16$、$x=\frac{16}{5}$
⑩ $\frac{3}{2}x+1-x+2=0$、$\frac{1}{2}x=-3$、$x=-6$
⑪ $4x+8=3x-6$、$x=-14$
⑫ $\frac{2}{3}x+\frac{1}{4}x=\frac{7}{4}+\frac{1}{3}$、$\frac{8}{12}x+\frac{3}{12}x=\frac{21}{12}+\frac{4}{12}$、$\frac{11}{12}x=\frac{25}{12}$、
    $11x=25$、$x=\frac{25}{11}$

14 方程式

目標「$\dfrac{2x-3}{2} - \dfrac{x+2}{3} = 3$」のxを求める

方程式は「○x＝△」の形を目指す

例題 「$(2x-6) \div 3 = 1$」を解いてみましょう。

前項と同じで「○$x=$△」の形にすることを目指しますが、実はこの形にするまでにはいくつかの方法があります。いずれはすべてのやり方を理解したほうがいいのですが、数学が苦手なうちは、本書にある方法を習得するようにしましょう。

さて、例題ですが、（ ）のなかを指でかくしてみてください。すると、「（ ）÷3＝1」になるのがわかります。

あとは、つぎのように考えれば答えがわかります。

$$(\ )\div 3 = 1 \;\Rightarrow\; (\ )\times \dfrac{1}{3} = 1$$

（÷を×にするために逆数にする）

$$\Rightarrow (\ )\times \dfrac{1}{3} \times 3 = 1\times 3 \;\Rightarrow\; (\ ) = 3$$

（$\dfrac{1}{3}$を1にするために左辺に3をかける）
（左辺に3をかけたので右辺にも3をかける）

あとは、（ ）のなかを元に戻すと「$(2x-6)=3$」となります。
「$2x=3+6$」「$2x=9$」になって、左辺と右辺を2でわると、「$x=\dfrac{9}{2}$」になります。

例題 「$(2x-6) \div 3 = x+1$」を解いてみましょう。

まずは、先ほどと同様（　）のなかを指でかくして「（　）$\div 3 = x+1$」にします。

あとは、つぎのようにします。

$$(\ ) \times \frac{1}{3} = x+1$$

> $\frac{1}{3}$を1にするために左辺に3をかける

> 左辺に3をかけたので右辺にも3をかける（？）

$$\Rightarrow (\ ) \times \frac{1}{3} \times 3 = x + 1 \times 3$$

問題は右辺です。

左辺に3をかけたので、右辺の $x+1$ にも3をかける必要がありますが、どうすればいいのでしょうか。

「$x+1 \times 3 = x+3$」とするのはまちがいです。なぜなら、文字式はひとカタマリだからです。

ひとカタマリなので（　）をつけて、$(x+1) \times 3 = 3x+3$ とします。

というわけで、例題の式は「$2x-6 = 3x+3$」となります。
あとは「$\bigcirc x = \triangle$」の形にします。

$$2x \boxed{-6} = \boxed{3x} + 3$$

> ＝をまたぐと符号が変わる

$$2x - 3x = +3 +6$$
$$-x = 9$$

> －をかけると＋になる

よって「$x = -9$」になります。

― 14　方程式 ……「$\frac{2x-3}{2} - \frac{x+2}{3} = 3$」の x を求める

目標問題の説明

では、目標問題の方程式を解いてみましょう。この問題は 76 ページの式の計算でやったものですが、いよいよその答えを求めることになります。

$$\frac{2x-3}{2} - \frac{x+2}{3} = 3$$

まずは、左辺を通分して、つぎに（ ）をはずします。
76 ページで学習したものとまったく同じなので、できない場合はもう一度確認してください。
というわけで、つぎの形になります。

$$\frac{4x-13}{6} = 3$$

これは、どのように計算すればいいのでしょうか。
分子の文字式をひとカタマリと見るといいでしょう。つまり、分子の文字式に（ ）をつけて、（ ）のなかを指でかくします。

$$\frac{4x-13}{6} = 3$$

（ ）でくくって、なかをかくす

$$\frac{(4x-13)}{6} = 3$$

74ページ参照

$$(\quad) \times \frac{1}{6} = 3$$

$\frac{1}{6}$ を1にするために左辺に6をかける ／ 左辺に6をかけたので右辺にも6をかける

$$(\quad) \times \frac{1}{6} \times 6 = 3 \times 6$$

よって「$(4x-13)=18$」となります。
あとは「$4x=18+13$」になるので、「$x = \frac{31}{4}$」が答えになります。

練習問題&解説

つぎの計算をしてみましょう。

① $\dfrac{4x-1}{2} - \dfrac{4x+3}{4} + \dfrac{1}{4} = 0$

② $\dfrac{3x-2}{3} - \dfrac{x-3}{2} = 0$

14_方程式……「$\dfrac{2x-3}{2} - \dfrac{x+2}{3} = 3$」の$x$を求める

・・・・・・・・・・・・・・・・・・・・・答えと解説・・・・・・・・・・・・・・・・・・・・・

① $\dfrac{(4x-1)}{2} - \dfrac{(4x+3)}{4} + \dfrac{1}{4} = 0$

$\dfrac{(4x-1) \times 2}{2 \times 2} - \dfrac{(4x+3)}{4} + \dfrac{1}{4} = 0$

$\dfrac{(4x-1) \times 2 - (4x+3) + 1}{4} = 0$

$\dfrac{\overset{1}{\cancel{4}}x - \overset{1}{\cancel{4}}}{\underset{1}{\cancel{4}}} = 0 \qquad x - 1 = 0 \qquad x = 1$

② $\dfrac{(3x-2)}{3} - \dfrac{(x-3)}{2} = 0$

$\dfrac{(3x-2) \times 2}{3 \times 2} - \dfrac{(x-3) \times 3}{2 \times 3} = 0$

$\dfrac{(3x-2) \times 2 - (x-3) \times 3}{6} = 0$

$\dfrac{6x - 4 - 3x + 9}{6} = 0 \qquad \dfrac{3x+5}{6} = 0$

$(3x+5) \times \dfrac{1}{6} \times 6 = 0 \times 6 \qquad 3x + 5 = 0 \qquad x = -\dfrac{5}{3}$

15 方程式

目標「2500円ありました。定価3000円の商品をx割引で購入しようとしたら、200円足りませんでした」、そのxを求めましょう

割引・割増の計算

> **例題** x円の洋服を3割引で購入したら3500円でした。xを求めてみましょう。

文章題をむずかしいと感じる理由のひとつに、「省略」があります。
そこで問題文の省略を元に戻しましょう。

- 定価の○割引 → 定価から、定価の○割だけひく
- → x円の3割引 → x円から、x円の3割だけひく

これだけだとまだわからない場合は、図を描いてみるといいでしょう。

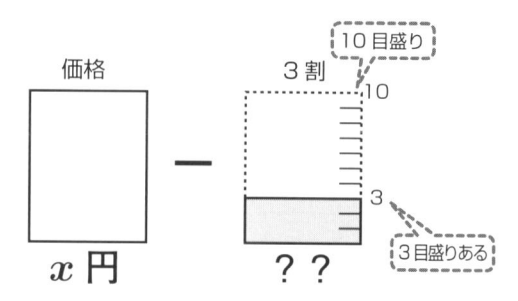

さて、「？？」はどのように表せるのでしょうか。
3割ということは、いわば「10目盛りあるうちの3」のことなので、$\dfrac{3}{10}$と表せます。
今は価格x円の3割なので、？？は、つぎのように表せます。

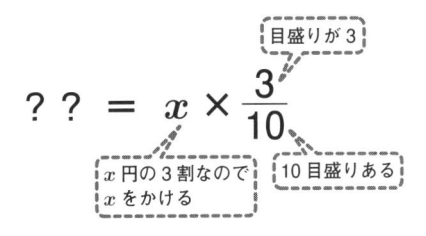

$$?? = x \times \frac{3}{10}$$

- 目盛りが3
- 10目盛りある
- x円の3割なのでxをかける

よって、x円の3割引は「$x - x \times \frac{3}{10}$」で表せます。

これが3500円なので、「$x - x \times \frac{3}{10} = 3500$」となります。

これを解くと、「$x = 5000$」となります。

別の問題を解いてみましょう。

> **例題** 価格x円の商品の消費税(8%)込みの価格は2700円でした。xはいくらでしょうか。

消費税とは、もともとの価格に（価格の）8%だけ上乗せする制度です（平成26年8月現在）。だから、図を描くとつぎのようになります。

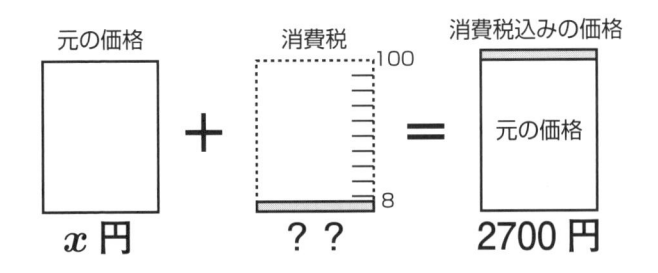

元の価格　　　消費税　　　消費税込みの価格
x円　　＋　　？？　　＝　元の価格　2700円

「？？」はどのように表せるのでしょうか。

8%ということは、いわば「100目盛りあるうちの8」なので、$\frac{8}{100}$と表せます。

今は価格x円の8%なので、？？は、つぎのように表せます。

$$?? = x \times \frac{8}{100}$$

- 目盛りが8
- 100目盛りある
- x円の8%なのでxをかける

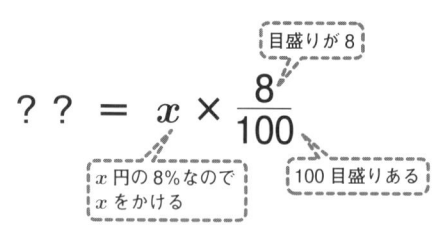

さて、先ほどの図を見てください。

「$x+??=2700$」なので、「$x+x\times\frac{8}{100}=2700$」になります。この方程式を解くと、「$x=2500$円」になります。

割合の計算

目標問題の説明

財布に2500円ありました。定価3000円の商品をx割引で購入しようとレジに行ったら、200円足りませんでした。xを求めてください。

まずは「定価3000円のx割引」を文字式で表してみましょう。

・定価の○割引 → 定価から、定価の○割だけひく

→ 3000円のx割引 → 3000円から、3000円のx割だけひく

よって、「$3000-3000\times\frac{x}{10}$」となります。というわけで、問題はつぎのようになります。

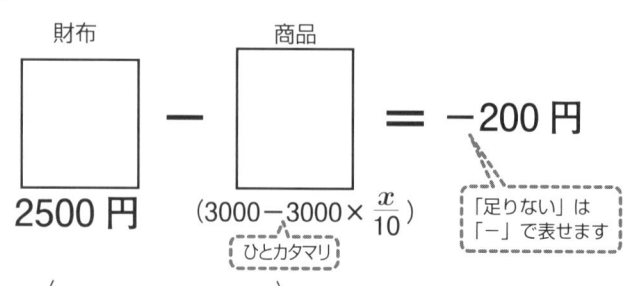

財布 2500円 − 商品 $\left(3000-3000\times\frac{x}{10}\right)$ ひとカタマリ = -200円

「足りない」は「−」で表せます

「$2500-\left(3000-3000\times\frac{x}{10}\right)=-200$」となり、これを解くと「$x=1$」となります。

練習問題&解説

つぎの問に答えてください。
① 定価 x 円の商品を2割引で購入したとき、割引後の商品の値段を x で表してください。
② 深夜料金は、ふだんの x 円の料金の4割増でした。深夜料金を x で表してください。
③ 定価2400円の商品を x 割引で購入したら1920円でした。x を求めてください。
④ 宿泊プランが、繁忙期のため、ふだんの2万円の料金の x 割増でした。宿泊の際、3万円持って行ったところ、6000円お釣りをもらいました。x を求めてください。

·····················答えと解説·····················

① 「定価 x 円から、定価 x 円の2割だけ引いた」ということです。定価 x 円の2割は「$x \times \frac{2}{10}$」と表せます。というわけで、$x - x \times \frac{2}{10} = x - \frac{1}{5}x = \frac{4}{5}x$ となります。

② 「ふだんの料金 x 円から、ふだんの料金 x 円の4割だけ増した」ということです。料金 x 円の4割は「$x \times \frac{4}{10}$」と表せます。というわけで、$x + x \times \frac{4}{10} = \frac{7}{5}x$

③ 「定価2400円から、定価2400円の x 割だけ引いた」ということです。定価2400円の x 割は「$2400 \times \frac{x}{10}$」で表せます。というわけで、割引後の価格は「$2400 - 2400 \times \frac{x}{10}$」で表せます。これが1920円なので、「$2400 - 2400 \times \frac{x}{10} = 1920$」となります。この式から、「$240x = 480$」、$x = 2$ となります。

④ 「2万円の料金の x 割増」は「2万円から、2万円の x 割だけ増した」ということです。だから宿泊料金は「$20000 + 20000 \times \frac{x}{10}$」と表すことができます。さて、宿泊した際、3万円持って行って、6000円のお釣りがあったわけなので24000円です。というわけで「$20000 + 20000 \times \frac{x}{10} = 24000$」となります。$2000x = 4000$ となることから、$x = 2$ となります。

16 比例・反比例

目標「$x=3$のとき、$y=9$、$y=ax$」のaの値を求める

比例

> **例題** リンゴを1個買えば2個、2個なら4個、3個なら6個のオマケがもらえます。リンゴを5個買ったときのオマケはいくつでしょうか。

どのように計算をすればいいのかわからないときは、図を描くといいでしょう（下図、左）。

ただ、それでもまだよくわからないと思うので、図に手を加えてみました。リンゴとオマケをひとカタマリにしてみたのです（下図、右）。

この図を見れば、リンゴの数とオマケの数の関係性がわかるのではないでしょうか。

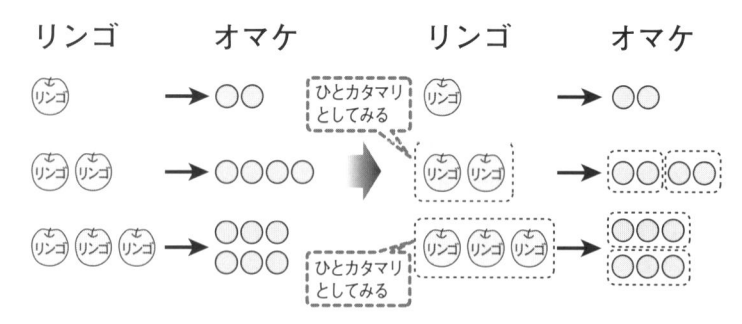

リンゴ	オマケ		リンゴ	オマケ
(リンゴ)	→ ○○	ひとカタマリとしてみる	(リンゴ)	→ ○○
(リンゴ)(リンゴ)	→ ○○○○		(リンゴ)(リンゴ)	→ ○○ ○○
(リンゴ)(リンゴ)(リンゴ)	→ ○○○ ○○○	ひとカタマリとしてみる	(リンゴ)(リンゴ)(リンゴ)	→ ○○○ ○○○

リンゴ1に対して、オマケは2、つまりオマケの数はリンゴの数の2倍だとわかります。

では、リンゴ5個を買った場合はどのようになるのでしょうか。

リンゴ5個をひとカタマリとして見れば答えがわかります。

リンゴ　　　　　オマケ

ひとカタマリとしてみる

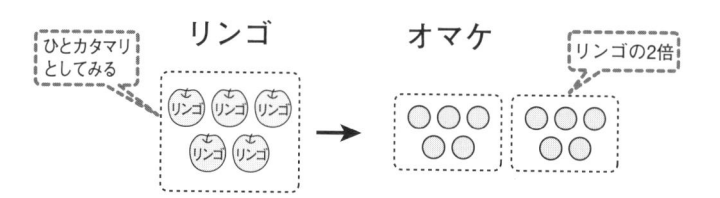

リンゴの2倍

答えは10個になります。

もう少し問をむずかしくします。

> **例題** $x=1$のとき$y=3$、$x=2$のとき$y=6$、$x=3$のとき$y=9$でした。この場合のxとyの関係式を求めてください。

これも先ほどと同じように考えます。まずは図を描きます。

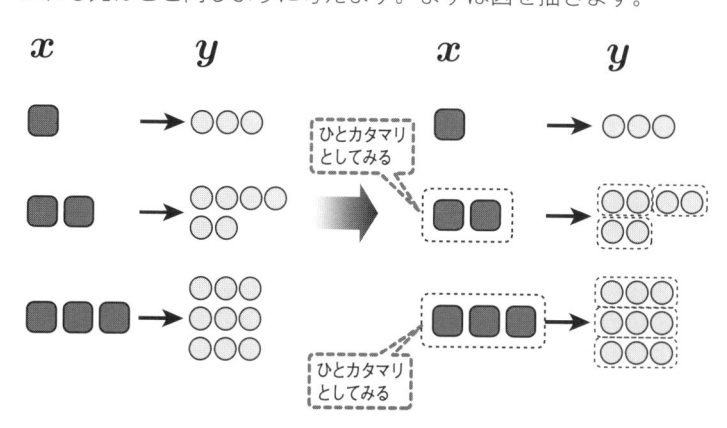

xの1に対して、yは3あります。

※たとえば、上図の右、二段目だと、xのカタマリ1つに対してyのカタマリが3つあります。

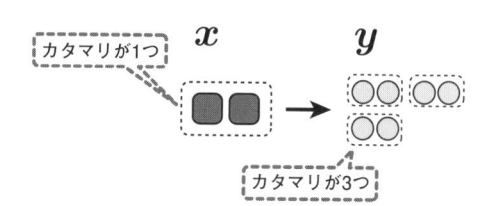

<上図二段目>

カタマリが1つ　　　x　　　y

カタマリが3つ

つまり、xに3をかければyと等しくなることがわかります。
よって、xとyの関係式は「$3x=y$」となります。

目標問題の説明

さて、この先、もっと複雑な問題が出てきます。図では対処できなくなるので、今のうちに「3つのステップで解く方法」を身につけておくといいでしょう。どのように解けばいいのでしょうか。

ステップ1：問題にあったxとyの値を「表」にまとめます。

ステップ2：表のxとyの関係性に着目します。具体的には、xが○倍になったとき、yがどのようになっているのかを見ます。

いまは、xが2倍になればyも2倍、xが3倍になればyも3倍になっているのがわかります。

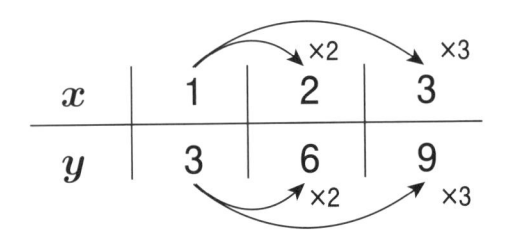

x	1	2	3
y	3	6	9

このように、**xが○倍になればyも○倍になるとき、yはxに比例しているといい、$y = ax$という式で表せます**（a：何らかの数値）。覚えておきましょう。

ステップ3：$y=ax$のaの値を出します。では、aの値はいくつでしょうか。これは、$y=ax$に、表にあるx、yの値を代入すればわかります（どれを代入してもいいです）。

$x=1$のとき$y=3$ → $3 = a \times 1$ → $a=3$
$x=2$のとき$y=6$ → $6 = a \times 2$ → $a=3$
$x=3$のとき$y=9$ → $9 = a \times 3$ → $a=3$

よって、「$y = 3x$」となります。
図を描いて出したのと同じ答えが出ます。

練習問題&解説

つぎの問に答えてください。

① つぎのとき、xとyの関係を式で表してください。

x	1	2	3	4	5
y	2	4	6	8	10

② つぎのとき、xとyの関係を式で表してください。

x	1	2	3	4	5
y	$\frac{1}{2}$	1	$\frac{3}{2}$	2	$\frac{5}{2}$

③ つぎのとき、xとyの関係を式で表してください。

x	1	2	3	4	5
y	-3	-6	-9	-12	-15

④ つぎのとき、xとyの関係を式で表してください。

x	3	6	15
y	1	2	5

········答えと解説········

① xが2倍になればyも2倍、xが3倍になればyも3倍になっています。このようなとき、$y=ax$と表せるのでした。$x=1$、$y=2$を代入すると$a=2$となります。よって、答えは、$y=2x$です。

② xが2倍になればyも2倍、xが3倍になればyも3倍になっています。このようなとき、$y=ax$と表せるのでした。$x=1$、$y=\frac{1}{2}$を代入すると$a=\frac{1}{2}$となります。よって、答えは、$y=\frac{1}{2}x$です。

③ 同様に考えると、$y=ax$と表せるのがわかります。$x=1$、$y=-3$を代入すると$a=-3$となります。よって、答えは、$y=-3x$です。

④ xが2倍になればyも2倍、xが5倍になればyも5倍になっています。このようなとき、$y=ax$と表せるのでした。$x=3$、$y=1$を代入すると$a=\frac{1}{3}$となります。よって、答えは、$y=\frac{1}{3}x$です。

17 比例・反比例
目標 「$y=3x$のグラフ」を描いてください

座標

目標問題の説明

$x=1$ のとき $y=3$ になります。これをグラフで表してみましょう。
グラフとは、いわば、1本の数直線に、別の数直線を縦にして重ねたものです。

横方向の数直線を x 軸、縦方向の数直線を y 軸といいます。また、直線が交差する点は「0」で「原点」といい、x 軸は右に行くほど数値は大きく、y 軸は上に行くほど数値は大きくなります。

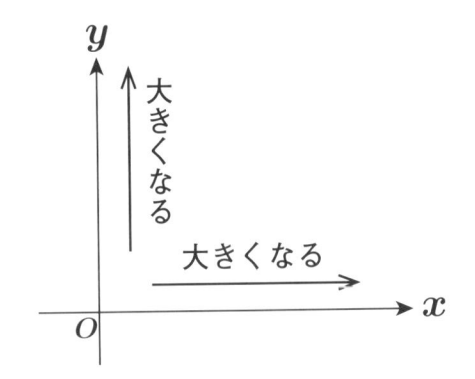

さて、問題をグラフに描き込んでみましょう。

$x=1$ なので右方向に1だけ目盛りを進めます。また $y=3$ なのでその地点から上方向に3つだけ目盛りを進めます。

まとめると、右上のようになります。

なお、この点を**座標**といって、**座標は(x,y)の順で表します**。つまり、今の場合 (1,3) となります。

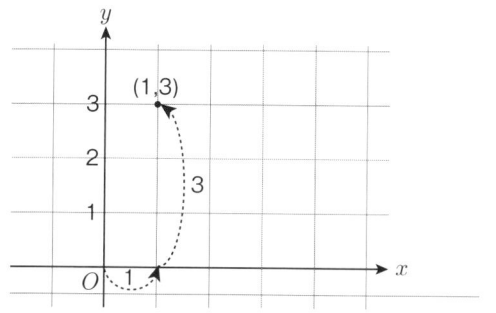

さて、$x=1$ のとき $y=3$、$x=2$ のとき $y=6$、$x=3$ のとき $y=9$ でした。それぞれの点をグラフに書き込んでみましょう。

これは、つぎのようになります。

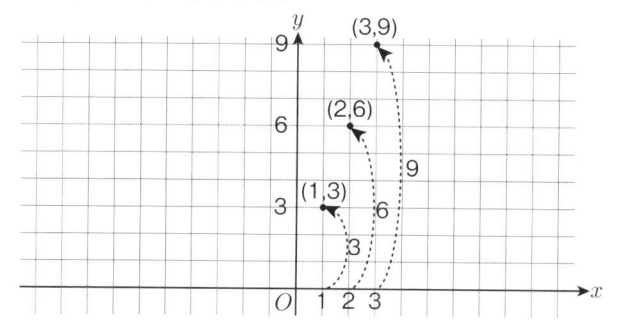

比例のグラフ

「$y=3x$」をグラフで表してみましょう。

$y=3x$ に $x=1$ を代入したら $y=3$ になります。同様に $x=2$ のとき $y=6$ になりますし、$x=3$ のとき $y=9$ になります。このように、$y=3x$ の x にさまざまな値を代入して x と y の組み合わせをたくさんつくってみましょう。

あとは、これらの組み合わせを、座標としてグラフに書き込んでいきます。座標をつくればつくるほど、「直線」に見えると思います。

※なお、グラフを描く練習をする場合は、文具屋で方眼紙を買ってくるといいでしょう。1マスになっているので、座標を書き込みやすいです。

これが $y=3x$ のグラフです。

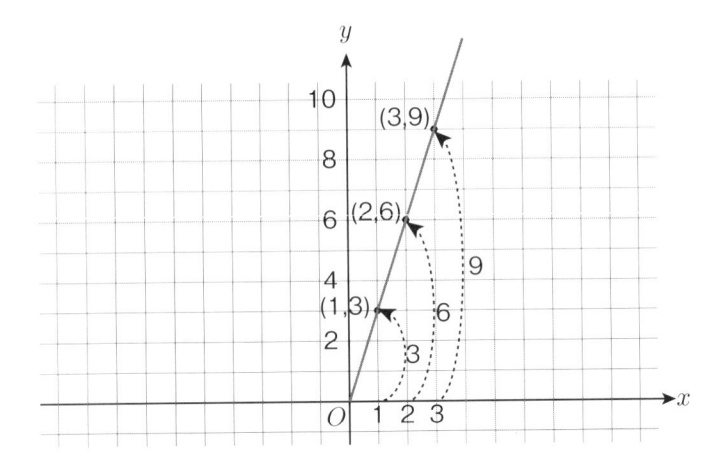

このように比例のグラフ ($y=ax$) は原点を通る直線になります。

なお、比例のグラフを描くとき、先ほどのように、「$x=1$ のとき $y=5$。$x=2$ のとき……」のように、とにかくたくさんの x と y の組み合わせをつくっていってもいいのですが、それだと手間がかかってしまいます。

直線は2点あれば描くことができますし（2点を結べば直線になります）、比例のグラフは原点を通ることがわかっています。だから x と y の組み合わせが1つわかれば比例のグラフを描くことができます（1つの点は、$x=1$ と $y=3$ でも、$x=2$ と $y=6$ でもどの組み合わせでもかまいません）。

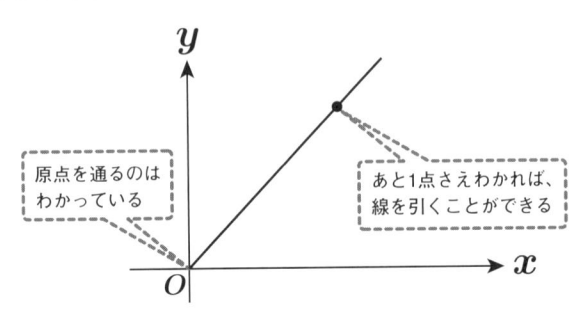

練習問題＆解説

つぎの問に答えてください。

① グラフに、座標(2,3)、座標(5,1)を書き込んでください。

② グラフに、座標(−2,3)、座標(−4,1)を書き込んでください。

③ $y=2x$のグラフを描いてください。

・・・・・・・・・・・・・・・・・・・・・・・・答えと解説・・・・・・・・・・・・・・・・・・・・・・・・

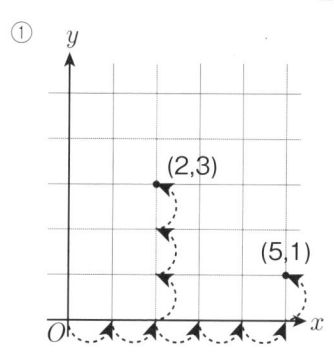

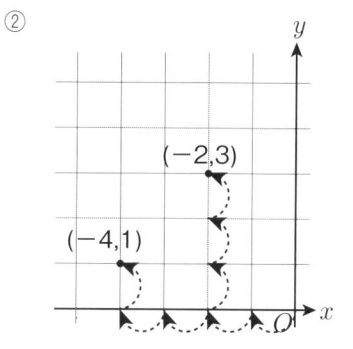

①

②

③ $y=2x$は$y=ax$の形になっています。$y=ax$のグラフは直線で、直線は2点あれば描けます。というわけで、まず1点目は原点(0,0)です。$y=ax$の形になっているグラフは、かならず原点(0,0)を通るためです。あともう1点は$x=2$を代入して$y=4$で、(2,4)になります（$x=2$でなくてもかまいません）。

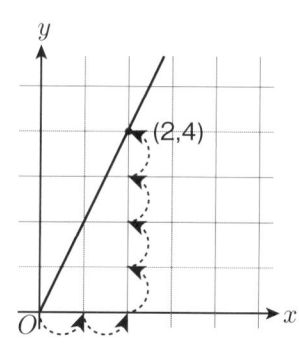

18 比例・反比例

目標 「$y=-3x$、$y=-x$、$y=-\frac{1}{2}x$」のグラフの傾きはどのようにちがうのか述べよ

比例のグラフの傾き1

例題 $y=3x$と$y=\frac{1}{2}x$のグラフを描いてください。

$y=ax$ の形は直線なので、(このグラフが通る) 2 点さえわかればグラフを描くことができます。

$y=3x$ のグラフは必ず原点を通るため、まずは (0,0) です。あともう 1 点は、$y=3x$ に適当に決めた $x=2$ を代入して $y=6$、つまり座標 (2,6) です。これでグラフを描けるのではないでしょうか。同様にして、$y=\frac{1}{2}x$ のグラフを描いてみましょう。

1 点は原点で、もう 1 点は $x=2$ を代入して $y=1$、つまり座標 (2,1) です。グラフを描くと、つぎのようになります。

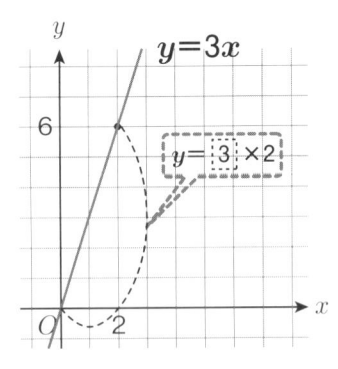

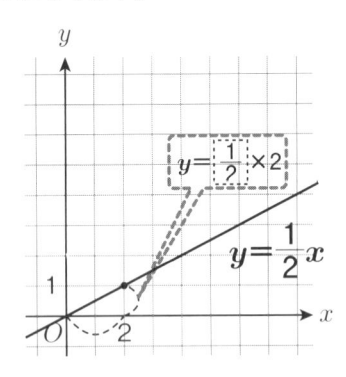

ここで、グラフの傾きを見てください。

$y=\frac{1}{2}x$ よりも $y=3x$ のほうが、傾きが急なことに気がつきます。それもそのはず。2 つの式に同じ $x=2$ を代入すると、$y=3x$ のほうは $y=3\times2$ と、y の値は 2 の 3 倍になりますが、$y=\frac{1}{2}x$ は

$y=\frac{1}{2}\times 2$ と、y の値は2の $\frac{1}{2}$ 倍になりますから。つまり、$y=ax$ のとき、a の値が大きければ大きいほど、傾きは急になります。覚えておきましょう。

なお、$y=ax$ の a は傾きを表すので、a のことを「傾き」といいます。

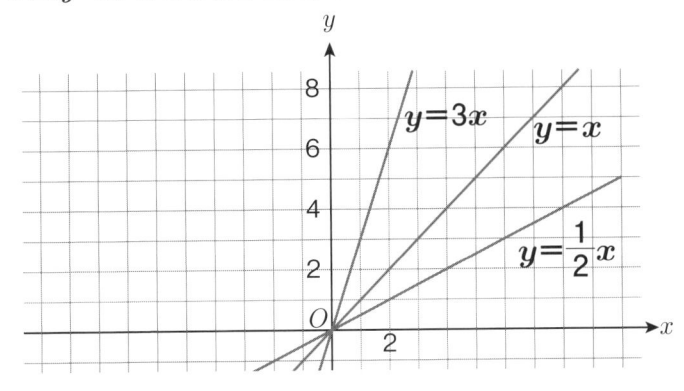

比例のグラフの傾き2

例題 $y=-2x$ のグラフを描いてみましょう。

どの2点を通るのかさえわかれば、直線を描くことができます。
$y=-2x$ のグラフは必ず原点（0,0）を通ります。
あともう1点は、$y=-2x$ に適当な数値である $x=2$ を代入して $y=-4$、つまり座標（2, −4）です。

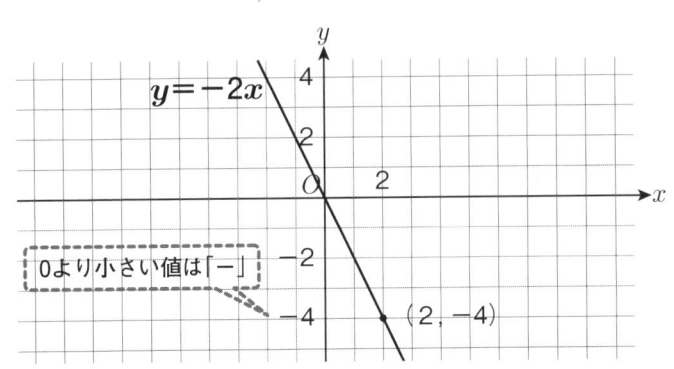

0より小さい値は「−」

比例のグラフの傾き3

目標問題の説明

つぎの3つのグラフを描いてください。

- $y = -3x$
- $y = -x$
- $y = -\frac{1}{2}x$

いずれのグラフも原点（0,0）を通ります。

あとは、適当に決めた $x = 2$ をそれぞれの式に代入してみます。

- $y = -3 \times 2 = -6$
- $y = -2$
- $y = -\frac{1}{2} \times 2 = -1$

グラフを描くとつぎのようになります。$y = ax$ の a がマイナスの値の場合も a の大きさによって、傾きが異なります。

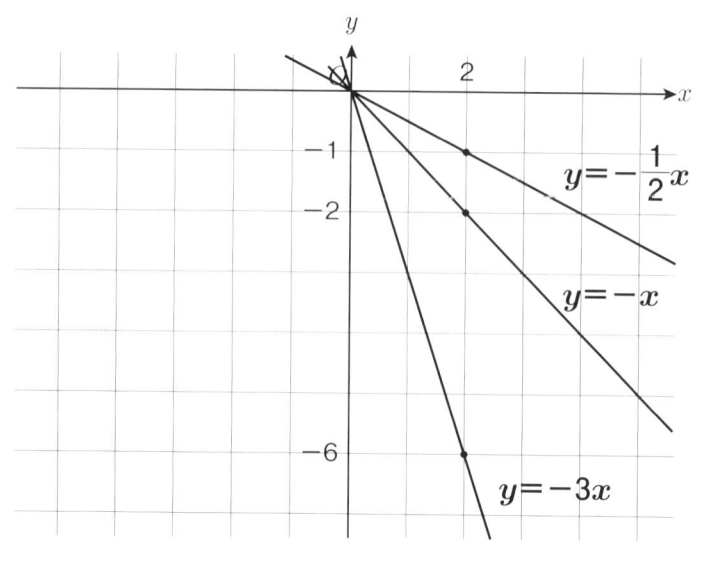

練習問題&解説

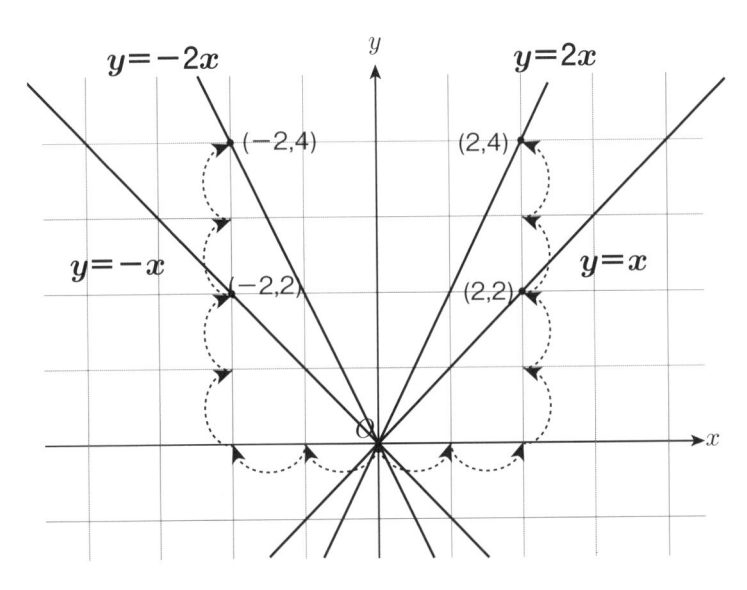

つぎの問に答えてください。

$y=x$、$y=2x$、$y=-x$、$y=-2x$のグラフをひとつのグラフに描き込んでください。

・・・・・・・答えと解説・・・・・・・

それぞれ原点(0,0)以外に次の点を通ります。

$y=x$ → (2,2) $y=2x$ → (2,4)

$y=-x$ → (2,-2) $y=-2x$ → (2,-4)

19 比例・反比例
目標「$y=\dfrac{8}{x}$」のグラフを描いてください

反比例

$x=1$ のとき $y=8$、$x=2$ のとき $y=4$、$x=4$ のとき $y=2$ でした。
この場合の x と y の関係式を求めてみましょう。
3ステップの方法で考えてみます。

1ステップ：x と y の値を「表」にまとめます。

2ステップ：表の x と y の関係性に着目します。具体的には、x が○倍になったとき、y がどのようになっているのかを見ます。

いま、x が2倍になれば y は $\dfrac{1}{2}$ 倍、x が4倍になれば y は $\dfrac{1}{4}$ 倍になっているのがわかります。

x	1	2	4
y	8	4	2

（x：×2、×4　y：×$\dfrac{1}{2}$、×$\dfrac{1}{4}$）

このように、x が○倍になれば y は $\dfrac{1}{○}$ 倍になるとき、y は x に反比例しているといいます。

$y=\dfrac{a}{x}$ という式で表せます（a：何らかの数値）。覚えておきましょう。

3ステップ；$y=\dfrac{a}{x}$ の a の値を出します。

では、a の値はいくつでしょうか。

これは、$y=\dfrac{a}{x}$ に、表にある x、y の値を代入すればわかります（どれを代入してもいいです）。

$x=1$ のとき $y=8$ → $8=\frac{a}{1}$ → $8=a$

$x=2$ のとき $y=4$ → $4=\frac{a}{2}$ → $4=a\times\frac{1}{4}$ → $8=a$

$x=4$ のとき $y=2$ → $2=\frac{a}{4}$ → $2=a\times\frac{1}{2}$ → $8=a$

よって、「$y=\frac{8}{x}$」になります。

反比例のグラフ

目標問題の説明

「$y=\frac{8}{x}$」のグラフを描いてみましょう。

すべきことは先ほどのページで学習したことと同じです。$y=\frac{8}{x}$ にさまざまな値の x を代入して y の値をだします。このように算出した x と y を座標としてグラフに書き込んでいくだけです。

というわけで、まずは座標を出しましょう(ただし、x は 0 より大きいとします)。

なお、座標の数が多ければ多いほどより正確なグラフになります。時間があれば方眼紙に多数の座標を書き込んでグラフを描いてみるといいでしょう。

$y=\frac{8}{x}$ に $x=1$ を代入 → $y=8$:座標 (1,8)

$y=\frac{8}{x}$ に $x=2$ を代入 → $y=4$:座標 (2,4)

$y=\frac{8}{x}$ に $x=4$ を代入 → $y=2$:座標 (4,2)

$y=\frac{8}{x}$ に $x=8$ を代入 → $y=1$:座標 (8,1)

これらを座標としてグラフに書き込んでいくと、$y=\frac{8}{x}$ のグラフができます。

$y=\frac{a}{x}$ の反比例のグラフは、次ページのグラフのような曲線になります。覚えておきましょう。

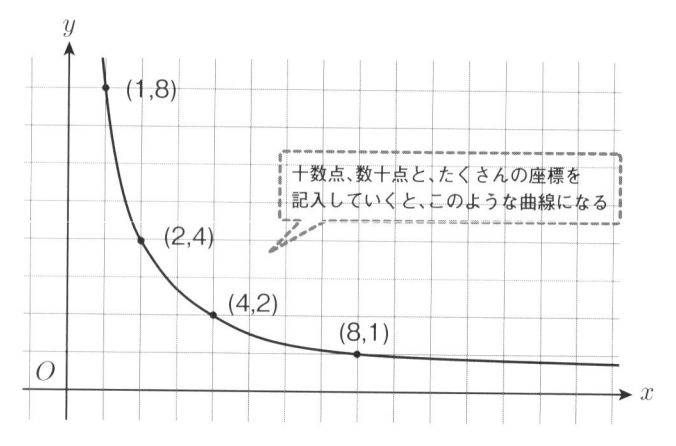

[十数点、数十点と、たくさんの座標を記入していくと、このような曲線になる]

反比例のグラフの描き方

グラフを描くには、とにかくたくさんの座標を書き込んでいくことです。

ただ、毎回、たくさんの座標を書き込むのは大変です。

そこで、反比例のグラフは、つぎのように描くといいでしょう。

まずは、数式から、座標を2点ほど出します（試験でグラフを描くように求められた以外は、2点もあれば十分です）。

つぎに、反比例のグラフの形を覚えて、先ほどの座標を通るように適当にグラフに描き込むだけです。

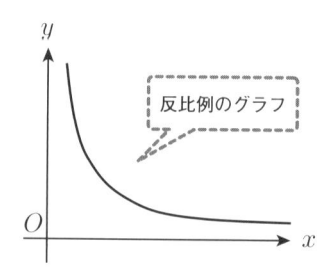

[反比例のグラフ]

※ただし、x が0よりも大きな数字のときの形です。0よりも小さな値のときどのようなグラフになるのかは、練習問題を解いてください。

練習問題&解説

つぎの問に答えてください。

$y=\dfrac{4}{x}$ のグラフを、このグラフが通る座標を6点書き込んだうえで、描いてください（xが0よりも小さい数字も含みます）。

・・・・・・・・・・・・・・・・・・・・・・・・・・・答えと解説・・・・・・・・・・・・・・・・・・・・・・・・・・・

$y=\dfrac{4}{x}$ のグラフはつぎの座標を通ります。

x	-4	-2	-1	1	2	4
y	-1	-2	-4	4	2	1

これをグラフで表すと、つぎのようになります。

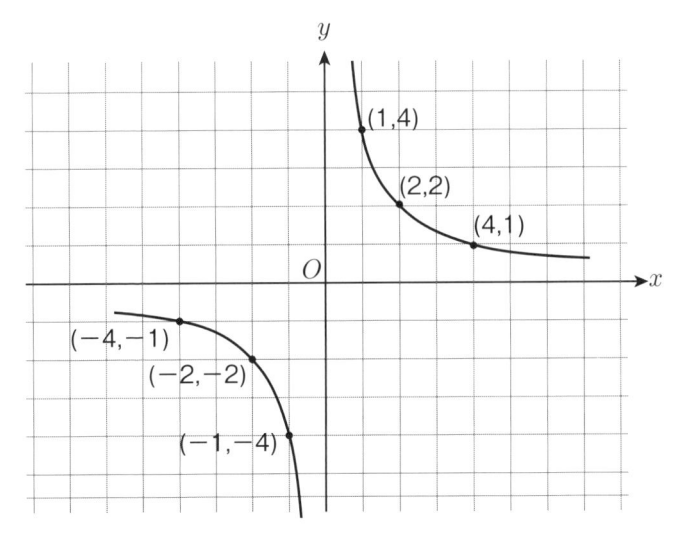

x がマイナスのときのグラフの形も覚えておきましょう。

2

STEP 2

中学2年の計算問題を総復習

中2数学になると、計算式のなかに x^2 などの累乗が混じったり、x や y が多数混じったり、それらと分数との組み合わせになったりと、多少ややこしい式が登場してきます。また変化する数値を求める問題も多くなります。しかし、それも計算の順序を知ってさえいれば、おそれることもなく、けっしてむずかしくはありません。

1 式の計算

目標「$\frac{1}{3}(3x^2+6x-9)-2(x^2-2x+4)=$」の計算

多項式

数や文字のかけ算の形で表されたものを単項式（$2x$、$3a^2$ など。1文字の x や -5 も）といい、それらがたし算、ひき算で組み合わされて表されたものを多項式といいます。

それでは、つぎの例題を計算してみましょう。

例題 $2a-4a+5b+6a+2b=$

同じ文字同士しか計算できないことに気をつけると、「$(2-4+6)\times a+(5+2)\times b$」となります。よって、答えは「$4a+7b$」です。

単項式と累乗の復習

復習をかねて「$3x$」「x^3」のちがいを説明してみましょう。
まずは「$3x$」ですが、つぎのように考えればいいのでした。

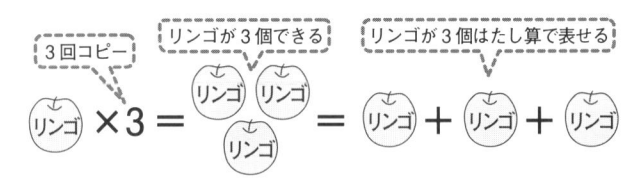

リンゴ × 3 ＝ リンゴ リンゴ リンゴ ＝ リンゴ ＋ リンゴ ＋ リンゴ
（3回コピー）（リンゴが3個できる）（リンゴが3個はたし算で表せる）

リンゴを「x」に置き換えてみましょう。
すると、「$x\times 3=x+x+x$」と表せるとわかります。
つぎに、「x^3」の「3」ですが、つぎのように考えるのでした。

$$x^3 = x \times x \times x$$
（3回かける）

というわけで、$3x$ と x^3 は同じ x という文字を使っていますが、ちがうものだとわかります。

> **例題** 「$3x+2x^2-4x+3x^2=$」を計算してみましょう。

同じ文字同士は計算できますが（x 同士、x^2 同士）、x と x^2 はちがうものなので計算できません。
それに気をつければ解けるのではないでしょうか。

$$\boxed{3x} + 2x^2 \boxed{-4x} +3x^2 = -x+5x^2$$

（計算）

単項式・多項式と分配法則

> **例題** 「$\frac{1}{2}(4x+2y-3)$」の（ ）をはずしてみましょう。

この例題を解くためには、つぎのルールを知っておきましょう。
ルールといっても、前に学習したルールとほとんど同じです。

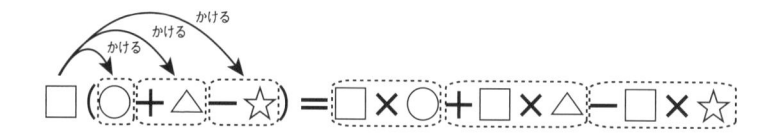

$$\Box(\bigcirc + \triangle - \Leftrightarrow) = \Box\times\bigcirc + \Box\times\triangle - \Box\times\Leftrightarrow$$

このルールを使うと、つぎのようになります。

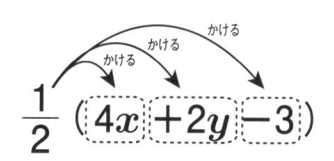

$$\frac{1}{2}(4x+2y-3)$$

115

$$= \boxed{\frac{1}{2} \times 4x} + \boxed{\frac{1}{2} \times 2y} - \boxed{\frac{1}{2} \times 3}$$

（上の各項にそれぞれ「2で約分」）

$$= 2x + y - \frac{3}{2}$$

目標問題の説明

では、「$\frac{1}{3}(3x^2+6x-9)-2(x^2-2x+4)=$」を計算してみましょう。

$$\frac{1}{3}(3x^2+6x-9)-2(x^2-2x+4)$$

$$=x^2+2x-3-2x^2+4x-8$$

$$=-x^2+6x-11$$

多項式と代入

例題 「$2a-3b$」に「$a=1$、$b=-3$」を代入してください。

この式はつぎのように考えるといいでしょう。

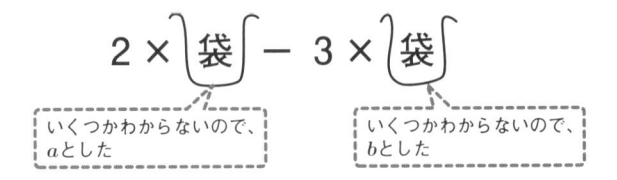

$$2 \times \boxed{袋} - 3 \times \boxed{袋}$$

いくつかわからないので、aとした
いくつかわからないので、bとした

左の袋に 1、右の袋に「-3」を代入します。

なお、右の袋は、「$-3\times(-3)$」になるため、「9」です。注意しましょう。

よって、「$2+9=11$」となります。

練習問題＆解説

つぎの式を簡単にしてください。

① $2×y+3×y-y×10=$

② $5×x+y×3-9×x+6×y+2×z=$

③ $x-2y+3x^2-5x+2y-3x^2=$

④ $\dfrac{1}{3}(2x+y-3)=$

⑤ $x(2x-1)=$

⑥ $2(a+b-2)-3(a-b-3)=$

⑦ $\dfrac{1}{2}(x^2+2x-8)-\dfrac{1}{3}(3x^2-6x+6)=$

つぎの文章を文字式で表してください。

⑧ 1個 x 円のリンゴを3個、1個 y 円のリンゴを4個、1個 x 円のオレンジを3個買ったときの代金を文字式で表してください。

⑨ 定価2000円の x 割引の商品Aと定価 y 円の3割引の商品Bを買ったときの代金を文字式で表してください。

············答えと解説············

① $2y+3y-10y=-5y$ ※2+3-10=-5

② $-4x+9y+2z$

③ $-4x$

④ $\dfrac{2}{3}x+\dfrac{1}{3}y-1$

⑤ $2x^2-x$

⑥ $2a+2b-4-3a+3b+9=-a+5b+5$

⑦ $\dfrac{1}{2}x^2+x-4-x^2+2x-2=-\dfrac{1}{2}x^2+3x-6$

⑧ $x×3+y×4+x×3=6x+4y$

⑨ 商品Aは「2000円から、2000円の x 割だけ引いた」、商品Bは「定価 y 円から、y 円の3割だけ引いた」となります。商品Aの代金は「$2000-2000×\dfrac{x}{10}=2000-200x$」。商品Bは「$y-y×\dfrac{3}{10}=\dfrac{7}{10}y$」となります。その合計の代金を表す式は「$2000-200x+\dfrac{7}{10}y$」となります。

2 式の計算

目標「$\dfrac{a+2b+1}{3} - \dfrac{5a-2b-4}{6} =$」の計算

( )をうまく使う

例題「$\dfrac{2x-4y+3}{6} - \dfrac{-x+2y+5}{3} =$」を計算してください。

まずは、分子の文字式に（ ）をつけます。その後、通分します。

> 文字式に( )をつけて
> ひとカタマリとしてみる

> 分母を6にするために
> ×2

$$\dfrac{(2x-4y+3)}{6} - \dfrac{(-x+2y+5)\times 2}{3\times 2} =$$

あとは分配法則で（ ）をはずします。

$$= \dfrac{(2x-4y+3) - 2\times(-x+2y+5)}{6}$$

$$= \dfrac{2x-4y+3+2x-4y-10}{6} = \dfrac{4x-8y-7}{6}$$

これは今までの内容をしっかり勉強できていれば解けるはずです。

約分が必要な計算

目標問題の説明

目標問題の「$\dfrac{a+2b+1}{3} - \dfrac{5a-2b-4}{6}$」を計算してみましょう

まずは、分子の文字式を（ ）でくくります。その後、通分します。

$$\dfrac{(a+2b+1)}{3} - \dfrac{(5a-2b-4)}{6}$$

分母を6にするために ×2

$$= \dfrac{2\times(a+2b+1)-(5a-2b-4)}{6}$$

（ ）をはずして計算すると、つぎのようになります。

符号に注意　符号に注意

$$= \dfrac{2a+4b+2-5a+2b+4}{6}$$

$$= \dfrac{-3a+6b+6}{6} = \dfrac{(-3a+6b+6)}{6}$$

分子の文字式をひとカタマリということで（ ）をつけています。

さて、分子の（ ）のなかをよく見てください。すべて3でわれます。

また分母も3でわれます。そこで、3で約分します。

$$= \dfrac{(-3a+6b+6)\div 3}{6\div 3} = \dfrac{-a+2b+2}{2}$$

例題 「$(2a-b+2)\div 4-(a-b-2)\div 2=$」を計算してみましょう。

まずは（ ）のなかを手でかくしてみます。すると、つぎのようにできるのがわかります。

$$\longrightarrow (\ )\div 4-(\ )\div 2=$$

$$\longrightarrow \frac{(\ )}{4}-\frac{(\ )}{2}=$$

（ ）のなかを元に戻すと先ほどと同じような問題になることがわかります。

あとは通分して（ ）をはずします。

> 通分で分母を4にするために、×2

$$\frac{(2a-b+2)}{4}-\frac{(a-b-2)\times 2}{2\times 2}$$
$$=\frac{(2a-b+2)-(a-b-2)\times 2}{4}$$
$$=\frac{2a-b+2-2a+2b+4}{4}$$
$$=\frac{b+6}{4}$$

ちなみに、「$2a-2a=(2-2)\times a=0\times a=0$」になります（0 に何をかけても 0 になります。それは a などの文字も例外ではありません）。

これがわからないのなら、「$7-7=0$」「$11-11=0$」のように同じものひくと 0 になるのを思い出すといいでしょう（$2a-2a$ は同じものをひいているので 0 になります）。

練習問題&解説

つぎの計算をしてください。

① $\dfrac{2a+3b}{3} - \dfrac{a-6b}{6} =$

② $\dfrac{x-2y+1}{3} - \dfrac{2x-y+3}{2} =$

③ $(a-b+2) \div 3 - (-a+b-2) \div 6 =$

----------答えと解説----------

① $\dfrac{(2a+3b)}{3} - \dfrac{(a-6b)}{6} = \dfrac{(2a+3b) \times 2}{3 \times 2} - \dfrac{(a-6b)}{6}$
$= \dfrac{(2a+3b) \times 2 - (a-6b)}{6} = \dfrac{4a+6b-a+6b}{6}$
$= \dfrac{3a+12b}{6} = \dfrac{\overset{1}{\cancel{3}}a + \overset{4}{\cancel{12}}b}{\underset{2}{\cancel{6}}} = \dfrac{a+4b}{2}$

② $\dfrac{(x-2y+1)}{3} - \dfrac{(2x-y+3)}{2} = \dfrac{(x-2y+1) \times 2}{3 \times 2} - \dfrac{(2x-y+3) \times 3}{2 \times 3}$
$= \dfrac{(x-2y+1) \times 2 - (2x-y+3) \times 3}{6}$
$= \dfrac{2x-4y+2-6x+3y-9}{6} = \dfrac{-4x-y-7}{6}$

③ $\dfrac{(a-b+2)}{3} - \dfrac{(-a+b-2)}{6} = \dfrac{(a-b+2) \times 2}{3 \times 2} - \dfrac{(-a+b-2)}{6}$
$= \dfrac{(a-b+2) \times 2 - (-a+b-2)}{6} = \dfrac{2a-2b+4+a-b+2}{6}$
$= \dfrac{3a-3b+6}{6} = \dfrac{\overset{1}{\cancel{3}}a - \overset{1}{\cancel{3}}b + \overset{2}{\cancel{6}}}{\underset{2}{\cancel{6}}} = \dfrac{a-b+2}{2}$

3 式の計算

目標 「$\dfrac{a^2}{b} \div \dfrac{a}{b^3} =$」に $a=-2$、$b=-3$ を代入

文字式の累乗

例題 「$a^3 \times b^2 \div a^2 =$」を計算してみましょう。

わり算があるので、逆数にしてかけ算にします。

$$a^3 \times b^2 \div a^2 = a^3 \times b^2 \times \dfrac{1}{a^2}$$

（$a^2 \div 1 = \dfrac{a^2}{1}$）

これを別の表現（例：$a^2 = a \times a$）にすると、答えがわかります。

（aを3回かける）（bを2回かける）　　　　（aで約分）

$$\dfrac{a^3 \times b^2 \times 1}{a^2} = \dfrac{\overset{1}{\cancel{a}} \times \overset{1}{\cancel{a}} \times a \times b \times b \times 1}{\cancel{a}_1 \times \cancel{a}_1}$$

（aを2回かける）

$$= a \times b \times b$$

$$= ab^2$$

このように、a と b の2つの文字があっても考え方は同じです。
わからなくなったら別の表現にしてみるといいでしょう。

例題 「$\dfrac{a}{3} \div \dfrac{(-a)^2}{6} \times (-b) =$」を計算してみましょう。

$$\dfrac{a}{3} \times \dfrac{6}{(-a)^2} \times \dfrac{(-b)}{1}$$

$$= \dfrac{a \times 6 \times (-b)}{3 \times (-a)^2 \times 1}$$

$(-a)^2 = (-a) \times (-a) = a \times a$

$$= \dfrac{\overset{1}{\cancel{a}} \times \overset{2}{\cancel{6}} \times (-b)}{\underset{1}{\cancel{3}} \times \underset{1}{\cancel{a}} \times a \times 1}$$

$$= \dfrac{-2b}{a}$$

累乗の文字式への代入

目標問題の説明

「$\dfrac{a^2}{b} \div \dfrac{a}{b^3}$」に「$a=-2$、$b=-3$」を代入してください。

文字式にそのまま数値を代入すると、計算が複雑になります。このような場合、まずは文字式を計算してしまいましょう。

$$\dfrac{a^2}{b} \div \dfrac{a}{b^3} = \dfrac{a^2}{b} \times \dfrac{b^3}{a}$$

(a を2回かける / b を3回かける / ÷は×にする)

$$= \dfrac{\text{ⓐ} \times \overset{1}{\cancel{a}}}{\underset{1}{\cancel{b}}} \times \dfrac{\overset{1}{\cancel{b}} \times \text{ⓑ} \times \text{ⓑ}}{\underset{1}{\cancel{a}}}$$

(a と b で約分 / 約分しなかった文字には○印をつけておく)

$$= ab^2$$

あとは代入します。この際、$b^2=(-3)^2$ ということに気をつけましょう。

答えは「$(-2)×(-3)^2=(-2)×9=-18$」となります。

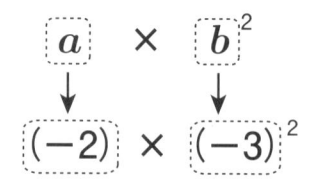

$$\begin{array}{ccc} \boxed{a} & × & \boxed{b}^2 \\ \downarrow & & \downarrow \\ \boxed{(-2)} & × & \boxed{(-3)}^2 \end{array}$$

つぎに、「$\dfrac{a^3}{b} × a^2 ÷ \dfrac{a^4}{b^3}$」に「$a=2, b=-3$」を代入してください。

<small>[aを3回かける]</small>　　<small>[÷は×にする]</small>

$$\dfrac{a^3}{b} × a^2 ÷ \dfrac{a^4}{b^3}$$

<small>[$a^2÷1=\dfrac{a^2}{1}$]</small>

$$= \dfrac{a×a×a}{b} × \dfrac{a×a}{1} × \dfrac{b×b×b}{a×a×a×a}$$

<small>[aとbで約分]</small>

$$= \dfrac{ⓐ×\cancel{a}×\cancel{a}}{\cancel{b}} × \dfrac{\cancel{a}×\cancel{a}}{1} × \dfrac{\cancel{b}×ⓑ×ⓑ}{\cancel{a}×\cancel{a}×\cancel{a}×\cancel{a}}$$

<small>[約分しなかった文字には○印をつけておく]</small>

$$= a × b^2$$

$$= 2 × (-3)^2 = 18$$

練習問題＆解説

つぎの式を計算してください。

① $a^2 \times b^2 \div a =$

② $\dfrac{1}{a^2} \div b^3 \times (a^3 b^4) =$

つぎの問に答えてください。

③ a^2に$a=-3$を代入してください。

④ $-a^2$に$a=-3$を代入してください。

⑤ $-(-a)^2$に$a=-3$を代入してください。

⑥ 「$\dfrac{a^3}{b} \times \dfrac{1}{(-a)^2} \div \dfrac{1}{-b^2}$」に「$a=-1$、$b=2$」を代入してください。

・・・・・・・・・・・・・・・・・・・・・・・・・・・答えと解説・・・・・・・・・・・・・・・・・・・・・・・・・・・

① $a^2 \times b^2 \times \dfrac{1}{a} = \dfrac{\cancel{a} \times a \times b \times b}{\cancel{a}} = a \times b \times b = ab^2$

② $\dfrac{1}{a^2} \times \dfrac{1}{b^3} \times (a^3 b^4) = \dfrac{\cancel{a} \times \cancel{a} \times a \times \cancel{b} \times \cancel{b} \times \cancel{b} \times b}{\cancel{a} \times \cancel{a} \times \cancel{b} \times \cancel{b} \times \cancel{b}} = ab$

③ $(-3)^2 = (-3) \times (-3) = 9$

④ $-(-3)^2 = -(-3) \times (-3) = -9$

⑤ $-(-a)^2 = -a^2$、これに$a=-3$を代入。4と同じなので、-9。

⑥ $\dfrac{a^3}{b} \times \dfrac{1}{(-a)^2} \times \dfrac{-b^2}{1} = \dfrac{-\cancel{a} \times \cancel{a} \times a \times b \times \cancel{b}}{\cancel{b} \times \cancel{a} \times \cancel{a} \times 1} = -ab$

これに代入すると、$-(-1) \times (2) = 2$となります。

4 式の計算

目標 「$2:3=4:x$」を解いてください

比のイメージ

「$4:6=2:3$」という比の式の意味を考えてみましょう。

比は「袋」で表すと、つぎのように考えることができます（30ページ参照）。

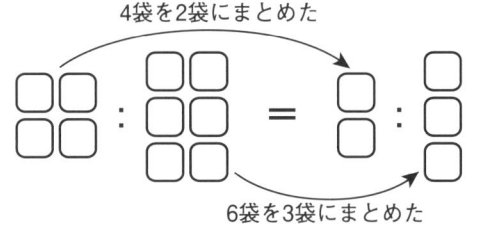

```
        4袋を2袋にまとめた
   ┌─────────────────┐
   ↓                 ↓
  □□ : □□  =  □ : □
       □□         □
       □□         □
        ↑         ↑
        └─────────┘
        6袋を3袋にまとめた
```

6袋のほうに注目してください。6袋を3袋にまとめたということは6袋を3つに分けたということです（3つに分けないと、3つの袋に入れることができませんから）。「6を3で分ける」は「6÷3」で表せて、2になります。

この「2」という数字は、どういう意味なのでしょうか。6袋を3袋にまとめるときに使った袋のなかにある袋の数だとわかります。

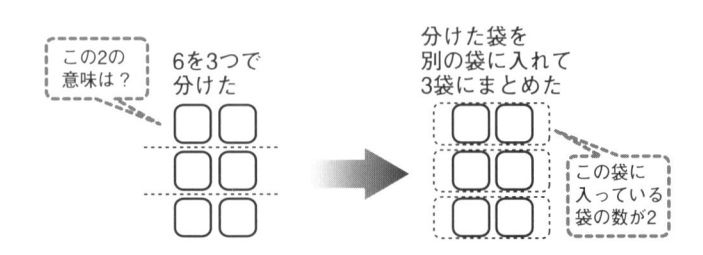

```
この2の      6を3つで        分けた袋を
意味は？     分けた           別の袋に入れて
                            3袋にまとめた
            □□
            □□           →    □□
            □□                □□   ← この袋に
                              □□     入っている
                                     袋の数が2
```

つぎに、4袋のほうに注目してください。4袋を2袋にまとめたということは4袋を2つに分けたということです。4÷2を計算す

ると2が出てきます。この2も、やはり4袋を2袋にまとめるときに使った袋に入っている袋の数になります。

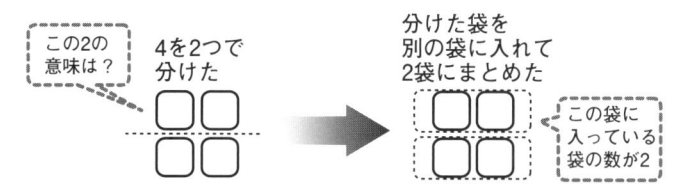

「この2の意味は？」 4を2つで分けた

分けた袋を別の袋に入れて2袋にまとめた

「この袋に入っている袋の数が2」

つまり、「(袋に入っている袋の数)：4÷2＝6÷3」の式が成り立ちます。

このように袋を使って考えると、比の問題を解くことができますが、複雑になるとわからなくなってしまいます。

そこで、つぎの式を覚えておくといいでしょう。

$$a:b=c:d \ \Rightarrow \ a:b=c:d \ \Rightarrow \ ad=bc$$

外同士をかけ合わせる
内同士をかけ合わせる

参考までに、なぜこの式のようになるのでしょうか。先ほどの袋で考えるとわかります。

まずは「$a:b=c:d$」を袋で表してみます。

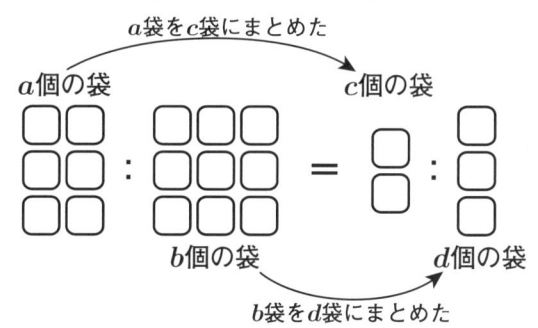

a袋をc袋にまとめた

a個の袋　　　　　　　c個の袋

b個の袋　　　　　　　d個の袋

b袋をd袋にまとめた

a袋をc袋にまとめるということは、a袋あったのをcつに分けたということです。よって、分けた袋の中にある袋の数は「$a÷c$」になります。

同様に、b 袋を d 袋にまとめたということは、b 袋あったものを d に分けたということです。よって、分けた袋の中にある袋の数は「$b \div d$」となります。

これらが等しいので「$a \div c = b \div d$」になります。

$$a \div c = b \div d \;\Rightarrow\; a \times \frac{1}{c} = b \times \frac{1}{d}$$

$$\Rightarrow a \times \frac{1}{c} \times c = b \times \frac{1}{d} \times c \;\Rightarrow\; a \times d = b \times c \times \frac{1}{d} \times d$$

（左辺に c をかけて、c で約分／右辺に c をかける／左辺に d をかける／右辺に d をかけて約分）

というわけで、「$ad = bc$」になります。

先ほどの「$4:6 = 2:3$」のときと考え方は同じですが、文字になって抽象的なので、「わかりにくい」と感じればそのまま式を覚えてください。

比例式

目標問題の説明

「$2:3 = 4:x$」を解いてみましょう。

比の外同士をかけ合わせたものと、内同士をかけ合わせたものが等しいので、「$2 \times x = 3 \times 4$」となります。つまり「$2x = 12$」になるので、「$2x \div 2 = 12 \div 2$」となり「$x = 6$」になります。

さて、ここで「$(x+1):2 = 6:4$」を解いてみましょう。

これもすべきことは同じです。比の外同士をかけ合わせたものと、内同士をかけ合わせたものが等しいので、「$(x+1) \times 4 = 2 \times 6$」となります。

$$(x+1) : 2 = 6 : 4 \;\Rightarrow\; () \times 4 = 2 \times 6$$

（ ）を指でかくすと、わかりやすい

「$4x + 4 = 12$」「$4x = 12 - 4$」「$4x = 8$」となり、「$x = 2$」になります。

練習問題&解説

つぎの式を解いてみましょう。

① $1:3=5:x$

② $2:x=8:6$

③ $\frac{1}{2}:\frac{1}{3}=3:x$

④ $1:3=5:2x$

⑤ $3x:2=3:10$

⑥ $(x-1):1=3:1$

⑦ $2:1=(6+x):3$

⑧ $(3x-2):1=5:3$

⑨ $-2(x+1):1=2:5$

⑩ $\frac{1}{3}(3x+2):1=6:3$

⑪ $(x+1):2=(x-2):4$

⑫ $1:(3x+2)=2:(5x-4)$

・・・・・・・・・・・・・・・・・・・・・・・・・・・・・答えと解説・・・・・・・・・・・・・・・・・・・・・・・・・・・

① $1×x=3×5$、$x=15$

② $2×6=x×8$、$8x=12$、$x=\frac{3}{2}$

③ $\frac{1}{2}×x=\frac{1}{3}×3$、$\frac{1}{2}x=1$、$x=2$

④ $1×2x=3×5$、$2x=15$、$x=\frac{15}{2}$

⑤ $3x×10=2×3$、$30x=6$、$x=\frac{6}{30}$、$x=\frac{1}{5}$

⑥ $(x-1)×1=1×3$、$x-1=3$、$x=4$

⑦ $2×3=1×(6+x)$、$6+x=6$、$x=0$

⑧ $(3x-2)×3=1×5$、$9x-6=5$、$9x=11$、$x=\frac{11}{9}$

⑨ $-2(x+1)×5=1×2$、$-10(x+1)=1×2$、$-10x-10=2$、
$-10x=12$、$x=-\frac{12}{10}$、$x=-\frac{6}{5}$

⑩ $\frac{1}{3}(3x+2)×3=1×6$、$(3x+2)=1×6$、$3x=4$、$x=\frac{4}{3}$

⑪ $(x+1)×4=2×(x-2)$、$4x+4=2x-4$、$2x=-8$、$x=-4$

⑫ $1×(5x-4)=(3x+2)×2$、$5x-4=6x+4$、$x=-8$

5 連立方程式

目標「$x-2y=3$、$y=-x+3$」を解いてください

代入法のイメージ

買い物袋が2枚あって、それぞれリンゴとオレンジが入っています。個数がわからないので、リンゴを x 個、オレンジを y 個としました。リンゴとオレンジの数をたすと10個だとわかれば、たとえ買い物袋のなかにいくつリンゴやオレンジがあるかわからないとしても、つぎのように表せるのはわかるのではないでしょうか。

(A) リンゴ入りの袋 x 個 ＋ オレンジ入りの袋 y 個 ＝ 10個

さて、ここでオレンジの個数は、リンゴの個数に2個たしたのと等しいとしましょう。これを図で表すと、つぎのようになります。

(B) オレンジ y 個 ＝ リンゴ x 個 ＋ リンゴ 2個

ここで(A)と(B)を見比べてみてください。つぎのようにできます。

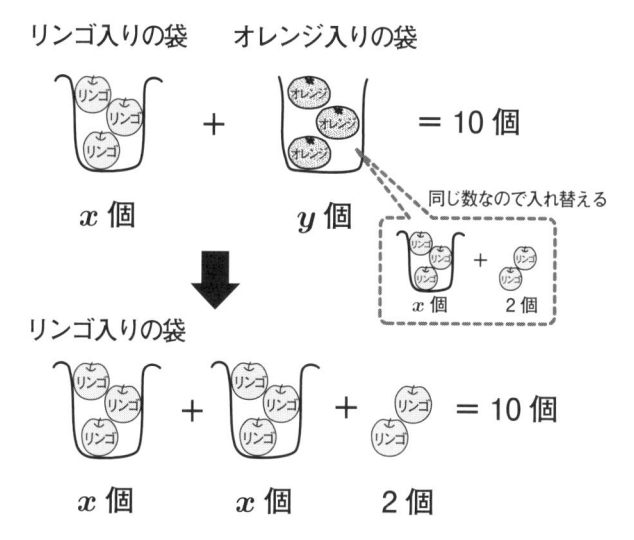

リンゴ入りの袋　オレンジ入りの袋

x 個　＋　y 個　＝ 10 個

同じ数なので入れ替える

x 個　＋　2 個

リンゴ入りの袋

x 個　＋　x 個　＋　2 個　＝ 10 個

というわけで「$x+x+2=10$」となって、この式を計算すると、「$2x+2=10$」、「$2x=10-2$」、「$2x=8$」、「$x=4$」となります。

あとは、(A) でも (B) でもどちらでもいいので、$x=4$ を代入して y を求めます。

(A)　「$x+y=10$」　に $x=4$ を代入　→　$4+y=10$　→　$y=6$
(B)　「$y=x+2$」　に $x=4$ を代入　→　$y=4+2=6$

よって、「$x=4$、$y=6$」になります。

さて、今までの話を数学らしくしてみましょう。今までの話はつぎの連立方程式を解いたことに他なりません（ちなみに、x と y の2つの文字がある2つの式のことを連立方程式といいます）。

(A) $x+y=10$
(B) $y=x+2$

どのように解いたのかというと、(A)の式に(B)の式を代入しました。

$$(A) \quad x + y = 10$$
$$\downarrow y = x + 2 \quad (B)$$
$$x + \boxed{x + 2} = 10$$

これで x の値がわかるので、あとは(A)もしくは(B)に x の値を代入して、y もわかるのでした。

代入法

目標問題の説明

さて、目標問題の式を解いてみましょう。

(A) $x - 2y = 3$
(B) $y = -x + 3$

(A)に(B)を代入しましょう。
この際、(B)に ( ) をつけ忘れないようにします。

$$(A) \quad x - 2y = 3$$
$$\downarrow y = -x + 3 \quad (B)$$
$$x - 2\boxed{(-x + 3)} = 3$$

> 「$-x+3$」でひとカタマリ。
> ( )をつけよう!

「$x+2x-6=3$」、「$3x=9$」、「$x=3$」となります。
あとは、(A)でも(B)でも、どちらの式でもいいので、$x=3$ を代入すると、「$y=0$」となります。

練習問題＆解説

つぎの連立方程式を代入法で解いてください。

① (A) $2x+3y=1$
　 (B) $y=2x-5$

② (A) $x-3y=10$
　 (B) $y=2x-10$

③ (A) $y=-x+12$
　 (B) $5x+8y=75$

④ (A) $3x-8y=27$
　 (B) $x=4y+13$

⑤ (A) $x-y=3$
　 (B) $x+2y=12$

・・・・・・・・・・・・・・・・・・・・・・・・・・・答えと解説・・・・・・・・・・・・・・・・・・・・・・・・・・・

① (B)を(A)に代入して、$2x+3(2x-5)=1$、$2x+6x-15=1$、$8x=16$、$x=2$となります。これを(A)(Bでもかまいません)に代入して、$2×2+3y=1$となります。ここから、$y=-1$となります。

② (B)を(A)に代入して、$x-3(2x-10)=10$、$x-6x+30=10$、$-5x=-20$、$x=4$となります。これを(A)(Bでもかまいません)に代入して、$4-3y=10$、$3y=-6$、$y=-2$となります。

③ (A)を(B)に代入して、$5x+8(-x+12)=75$、$5x-8x+96=75$、$-3x=-21$、$x=7$となります。これを(A)(Bでもかまいません)に代入して、$y=-7+12=5$となります。

④ (B)を(A)に代入して、$3(4y+13)-8y=27$、$12y+39-8y=27$、$4y=-12$、$y=-3$になります。これを(B)(Aでもかまいません)に代入して、$x=4×(-3)+13=1$となります。

⑤ (A)の形を変えて、$x=y+3$になります。これを(B)に代入します。$(y+3)+2y=12$、$3y=9$、$y=3$になります。これを(A)(Bでもかまいません)に代入して、$x=6$になります。

6 連立方程式

目標 「(A) $x-2y=4$、(B) $3x+4y=2$」を解いてください

加減法でxかyを消す1

つぎの連立方程式を解いてみましょう（$x=○$、$y=△$のようにxとyの値を出しましょう）。なお、130ページで学習した代入法でも解くことができますが、ここでは別の方法を紹介します。

> 例題
> (A) $3x+2y=10$
> (B) $-3x+y=2$

(A)から、$x=○$と求めようとしてもyが邪魔ですし、$y=△$と求めようとしても今度はxが邪魔です。それは(B)も同じです。

そこで、(A)と(B)を使って、x（もしくはy）を消します。どのようにすればいいのでしょうか。

それは、（この問の場合は）(A)と(B)の左辺同士、右辺同士をたし合わせればいいです。それだけでxはうまく消えます。

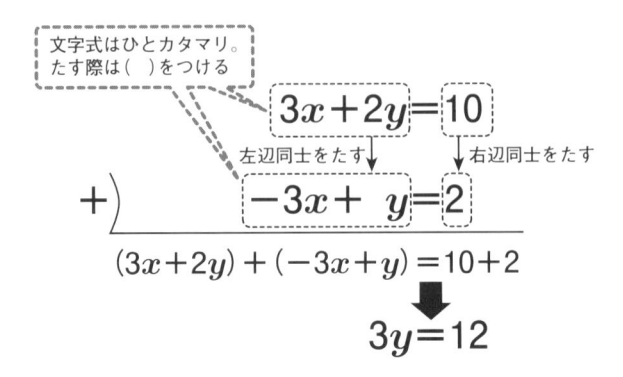

文字式はひとカタマリ。たす際は( )をつける

$$3x+2y=10$$

左辺同士をたす　　右辺同士をたす

$$+)\quad -3x+y=2$$

$$(3x+2y)+(-3x+y)=10+2$$

$$\Downarrow$$

$$3y=12$$

これで、$y=4$ とわかります。あとは（A）か（B）のどちらかに、$y=4$ を代入します。

(A)　$3x+2y=10$ に、$y=4$ を代入
　　　　　→　$3x+8=10$　→ $x=\dfrac{2}{3}$

(B)　$-3x+y=2$ に、$y=4$ を代入
　　　　　→　$-3x+4=2$　→ $x=\dfrac{2}{3}$

よって、「$x=\dfrac{2}{3}$、$y=4$」になります。

ちなみに、2つの等式の左辺同士、右辺同士をたし合わせてもいいのか疑問に思った人もいるかもしれません。簡単な式で確認しましょう。

(A)　$2+1=3$

(B)　$8+1=9$

この2つの式の左辺同士、右辺同士をたし合わせると「$(2+1)+(8+1)=3+9$」、これを計算すると「$12=12$」になって、「$=$」の関係はくずれません。

2つの等式の左辺同士、右辺同士をたしたりひいたりしても大丈夫なのです（等式だから、このようにできます）。

加減法でxかyを消す2

目標問題の説明

目標の連立方程式を解いてみましょう。

(A)　$x-2y=4$

(B)　$3x+4y=2$

今度は、単純に(A)と(B)をたすだけでは答えは出てこなさそうです。そこで、(A)を3倍してみましょう。

> ひとカタマリ。( )をつける

$$3 \times (x-2y) = 3 \times 4$$

これを計算すると「$3x-6y=12$」となります。これを(A)' とします。

(A)' $3x-6y=12$
(B) $3x+4y=2$

2つの式をひけば x が消えます。具体的にはつぎのようにします。

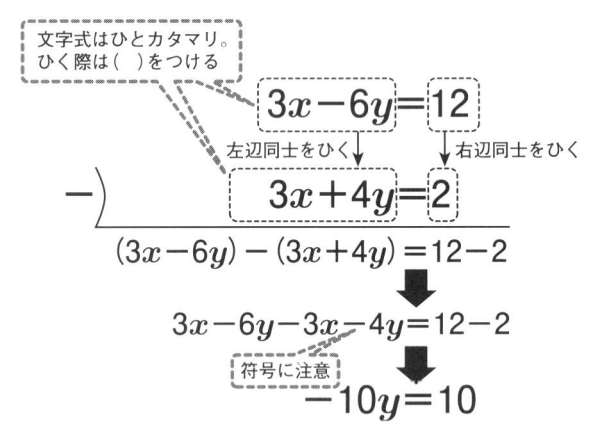

> 文字式はひとカタマリ。ひく際は( )をつける
> 左辺同士をひく　　右辺同士をひく

$$\begin{array}{r} 3x-6y=12 \\ -)\ 3x+4y=2 \end{array}$$

$$(3x-6y)-(3x+4y)=12-2$$

$$3x-6y-3x-4y=12-2$$

> 符号に注意

$$-10y=10$$

これで、$y=-1$ となります。あとは (A) (A)' (B) のどれでもいいので、$y=-1$ を代入して、x を出します。

よって答えは、「$x=2$、$y=-1$」となります。

ちなみに、(A)の両辺をそれぞれ3倍しましたが、そのようにしてもいいのか疑問に思ったかもしれません。しかし、たとえば「5+3=8」という等式を3倍しても成り立つので($3\times(5+3)=3\times8$)、等式の両辺を同じ数でかけてもわってもいいことがわかります。

練習問題&解説

つぎの連立方程式を加減法で解いてください。

① (A) $x+y=5$
　 (B) $2x-3y=-5$

② (A) $2x-y=1$
　 (B) $x-5y=-13$

［(A) $x-2y=4$、(B) $3x+4y=2$ を解いてください］

······················答えと解説······················

① yをそろえるために、(A)を3倍します。

(A)' $3x+3y=15$

これと(B)をたし合わせます。

$5x=10$、$x=2$となります。これを(A)に代入して$y=3$となります

$$3x+3y=15$$
$$+)\underline{2x-3y=-5}$$
$$(3x+3y)+(2x-3y)=15-5$$

（参考までに、計算が簡単になるほうに代入するといいでしょう）。

② xをそろえるために(B)を2倍します。

(B)' $2x-10y=-26$

(A)から(B)'をひきます。

$-y+10y=27$、$9y=27$、

$$2x-y=1$$
$$-)\underline{2x-10y=-26}$$
$$(2x-y)-(2x-10y)=1-(-26)$$

$y=3$となります。これを(A)に代入して、$x=2$となります。

7 連立方程式

目標　「(A) $\frac{1}{2}x = \frac{3}{2}y + 5$、(B) $\frac{1}{4}x - \frac{2+y}{8} = 1$」を解いてください

さまざまな連立方程式1

つぎの連立方程式を解いてください。

※連立方程式を解くには、これまで説明したとおり、代入法と加減法の2種類あります。どちらを使っても解けますが、本項では加減法で解説します。

例題
(A)　$4x = 10 - 3y$
(B)　$\dfrac{2x+3y}{8} = 1$

加減法で連立方程式を解くにはコツがあります。

それは解きやすいように式を変形させることです。具体的には、加減法の場合は、式を「$\bigcirc x + \triangle y = \square$」の形にするといいでしょう。
その際、○、△、□から分数をなくしておくと、あとで計算しやすくなります。
というわけで、(A)と(B)をこの形にします。

(A)　$4x + 3y = 10$
(B)　$2x + 3y = 8$　（左辺と右辺に8をかけます）

あとは前のページで学習したように解きます。
この場合は、(A)−(B)とすれば y を消せそうなので、それぞれの式をひきます。

> 文字式はひとカタマリ。
> ひく際は( )をつける

$$4x+3y=10$$
$$-\underline{)\ 2x+3y=8}$$

左辺同士をひく　　右辺同士をひく

$$(4x+3y)-(2x+3y)=10-8$$

⬇

$$4x+3y-2x-3y=2$$

> 符号に注意

⬇

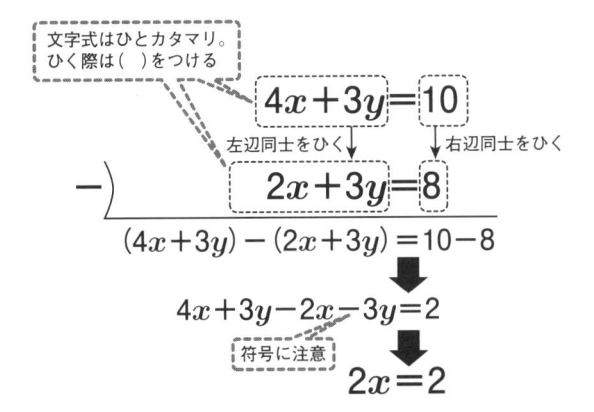

$$2x=2$$

よって答えは、「$x=1$、$y=2$」となります。

ちなみに、**代入法の場合は片一方の式を $y=\bigcirc x+\triangle$ の形にします**。

そうすることで代入できるようになります。

[目標問題の説明]

では、目標問題の連立方程式を解いてみましょう。

(A)　$\dfrac{1}{2}x=\dfrac{3}{2}y+5$

(B)　$\dfrac{1}{4}x-\dfrac{2+y}{8}=1$

まずは、式を「$\bigcirc x+\triangle y=\square$」の形にするといいでしょう。

その際、○、△、□から分数をなくしておきます。

> 分数をなくすため、両辺に2をかけた

(A)　$\dfrac{1}{2}x\times 2=(\dfrac{3}{2}y+5)\times 2$

> ひとカタマリの( )を忘れないこと

➡ $x=3y+10$　➡　$x-3y=10$

> 分数をなくすため、両辺に8をかけた

(B)　$\dfrac{1}{4}x\times 8-\dfrac{(2+y)}{8}\times 8=1\times 8$

> ひとカタマリの( )を忘れないこと

➡ $2x-(2+y)=8$　➡　$2x-y=10$

整理すると、つぎの連立方程式を解けばいいことがわかります。

(A)　$x-3y=10$

(B)　$2x-y=10$

(A)を2倍して(A)−(B)を計算すると x を消せることがわかります。

$$(A)\times 2 \quad 2x-6y=20$$
$$-)\ (B) \quad\ \ 2x-\ y\ =10$$
$$(2x-6y)-(2x-y)=20-10$$
$$\Rightarrow -5y=10$$

左辺同士をひく　　右辺同士をひく

これを解いて、$y=-2$。これを(A)か(B)に代入して $x=4$ となります。

さまざまな連立方程式2

つぎの連立方程式を解いてください。

例題
(A)　$3x-(2x-y)=6$
(B)　$2(x+10y)=10x+y+6$

(A)も(B)もつぎのように簡単にできます。連立方程式を解く前に、まずは式を簡単にしましょう。

(A)　$x+y=6$

(B)　$-8x+19y=6$

これを解くと、「$x=4$、$y=2$」となります。

練習問題＆解説

つぎの連立方程式を解いてください。

① (A) $\dfrac{x-2y}{2}=2$

 (B) $3(x-2)=-4(y+1)$

② (A) $(3x+y+1)\div 4=(2x-3y-1)\div 8$

 (B) $\dfrac{3(x-1)}{2}+2y=0$

·············答えと解説·············

① 式を「$\bigcirc x+\triangle y=\square$」の形にします。そのために(A)の式を2倍します。

(A)×2　　$\dfrac{(x-2y)\times \cancel{2}^{1}}{\cancel{2}_{1}}=2\times 2$

よって、$x-2y=4$となります。つまり、$x=2y+4$となります。これを(A)'とします。

(B)の式は整理して、$3x-6=-4y-4$、$3x+4y=2$となります。これを(B)'とします。(A)'を(B)'に代入すると、$3(2y+4)+4y=2$、$6y+12+4y=2$、$10y=-10$、$y=-1$となります。これを(A)'に代入して、$x=2\times(-1)+4=2$となります。

② (A)×8　　$(3x+y+1)\times 2=(2x-3y-1)$

　　　　　　$6x+2y+2=2x-3y-1$

(A)'　　　$4x+5y=-3$

(B)×2　　$3(x-1)+2y\times 2=0$

(B)'　　　$3x+4y=3$

この2つの式を解くと、$x=-27$、$y=21$になります。

8 連立方程式

目標「十の位xと一の位yの数があります。xとyを入れ替えると、もとより18大きくなります。またxとyをたすと14になります」 xとyの数を求めましょう

連立方程式の利用1（買い物）

> **例題** 1本 30円の鉛筆と 1本 60円のボールペンを合わせて 20本買ったら、代金は750円でした。購入した鉛筆をx本、ボールペンをy本としたとき、xとyをそれぞれ求めてください。

今回は「買い物」に関する問題です。買い物に関する問題といえば「代金」「買った数」に関する、つぎの式を利用するのではないかと予測できるのではないでしょうか。

・買った数＝商品 A を買った数＋商品 B を買った数
・代金＝1 個あたりの価格×買った数

あらかじめ、これらの式を推測していれば、つぎのような図を描くことができます。

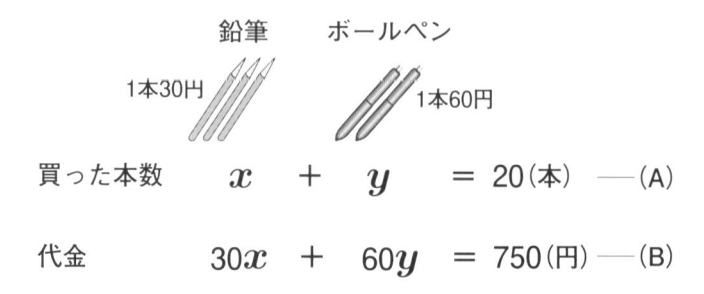

　　　　　　　　　鉛筆　　　ボールペン
　　1本30円　　　　　　　　　　　　1本60円

買った本数　　　x　＋　y　＝ 20（本）　——（A）

代金　　　　　$30x$　＋　$60y$　＝ 750（円）——（B）

あとは(A)と(B)の式を解けば、「$x=15、y=5$」になります。
このような文章題では、まずは、どのような式を使うのか予測するといいでしょう。そうすることで解きやすくなります。

連立方程式の利用2(比率)

> **例題**
> AさんとBさんは夫婦共働きで、Aさんの月収は x 万円、Bさんは y 万円で、月収の比率は1:2です。さて、今月の支出は35万円でしたが、10万円余りました。2人の収入を求めてみましょう。

今回は「収入」と「支出」の問題です。収入と支出の問題といえば「収入-支出=残高」の式が思い浮かぶのではないでしょうか。
今月の収入は2人の月収の合計なので $x+y$ 万円、支出は35万円、残高は10万円です。だから、つぎの式が成り立ちます。

(A)　$(x+y)-35=10$ → $x+y=45$

また、月収の比率から、つぎの式がすぐに思い浮かぶと思います。

(B)　$x:y=1:2$ → $y=2x$

これらの2つの式を解くと、「$x=15$、$y=30$」とわかります。
問題を解く前に、どのような式を使うのか考えることが大切です。

連立方程式の利用3(位取り)

> **例題** 十の位を a、一の位を b とした数を文字で表してください。

よくわからないと思うので、具体的な数値で考えてみましょう。
たとえば「36」の場合、十の位の数は「3」、一の位の数は「6」です。
3を10倍すれば30になります。これに一の位の6をたせば、うまく表すことができるのではないでしょうか。
このように、2ケタの数字は「(十の位の数)×10+(一の位の数)」と表すことができます。

　　　　十の位の数　一の位の数
　　　　　3　　　　6　 → 3×10+6

143

というわけで、例題ですが、「10×a+b」になります。

このような「位」の問題は、つぎの式を使います。事前にこの式を思い浮かべていれば文章題を解けるようになります。

> 百の位：a、十の位：b、一の位：cのとき、
> この数字は 100×a＋10×b＋c で表せる。

目標問題の説明

では、目標問題を解いてみましょう。

「十の位 x と一の位 y の数があります。x と y を入れ替えると、もとより 18 大きくなります。また x と y をたすと 14 になります」

x と y の数を求めてみましょう。

文章題は、まずはどのような式を使うのか、事前に考えるのでした。使えそうな式は先ほど勉強した「十の位 a、一の位 b の数を $10a+b$ と表す」です。これを使ってみましょう。

十の位は x、一の位は y なので「$10x+y$」と表せます。

一の位と十の位を入れ替えるということは、十の位は y、一の位は x にするということでもあります。だから「$10y+x$」と表せます。

「$10y+x$」がもとの数である「$10x+y$」より 18 大きいので、つぎのように表すことができます。

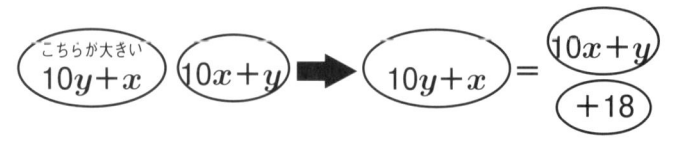

$$10y+x \quad 10x+y \quad \Rightarrow \quad 10y+x = 10x+y+18$$

（こちらが大きい）

(A)　$10y+x=10x+y+18$

あとは、十の位と一の位をたすと 14 になることから、つぎの式ができます。

(B)　$x+y=14$

この 2 つの式を解くことで、「$x=6$、$y=8$」となります。

練習問題&解説

つぎの文章題を解いてみましょう。

① 1冊 500円の文庫本と1冊 1300円のビジネス本を合わせて5冊買ったら、代金は4100円でした。購入した文庫本 x本、ビジネス本を y冊としたとき、xと yをそれぞれ求めてください。

② AさんとBさんの月収の比率は1:3です。AさんとBさんの今月の収入の合計は56万円でした。Aさんの月収をx万円、Bさんの月収をy万円とするとき、xとyを求めてください。

③ 百の位は x、十の位は 2、一の位 yの数がありました。一の位と百の位を入れ替えると、もとより 594小さくなりました。また百の位の数と一の位の数をたし合わせると 8 になります。xと yの数を求めてみましょう。

・・・・・・・・・・・・・・・・・・・・・・・・・・・・・・・・・・答えと解説・・・・・・・・・・・・・・・・・・・・・・・・・・・・・

① 買い物の問は、「商品の代金=1個あたりの値段×個数」「代金の合計=商品Aの代金+商品Bの代金」などの式を使うのでは、と推測できます。それを思い浮かべながら、図を描いていきましょう。図は先ほど学習したものと同じような感じなので割愛します。つぎの連立方程式を解くと、答えは$x=3$、$y=2$となります。

・$x+y=5$
・$500x+1300y=4100$

② 月収の比率から「1:3=$x:y$」、今月の収入の合計から「$x+y=56$」の式ができます。あとは、これを解くことで、$x=14$、$y=42$となります。このように式を推測しなくても解ける簡単な問題もあります。

③ 位の問題なので「百の位:a、十の位:b、一の位:cのとき、この数字は、$100×a+10×b+c$で表せる」の式を使うと予測できます。というわけでこの式を使って式をつくってみます。

・(元の数)−(入れ替えた数)=594
　$(100x+10×2+y)−(100y+10×2+x)=594$
・(百の位の数)+(一の位の数)=8　　$x+y=8$

これらを解いて、$x=7$、$y=1$となります。

9 速度

目標 道が渋滞していて時速15kmしか出すことができません。45km先の取引先まで何時間で到着できますか

時間と分

1時間は60分です。これを「1つの袋のなかに60個の袋がある」と考えると、3時間はどのようになるのでしょうか。

3時間は1時間の袋が3つ分です。1時間の袋のなかにはそれぞれ60個の袋があるので、3×60＝180(分) になります。

同様に考えて、6時間は1時間の袋が6つ分なので、6×60＝360(分) になります。

1時間、3時間、6時間となるごとに、60分、180分、360分というように、時間と分は比例の関係があります。

このとき、「1(時間)：60(分)＝1×3(時間)：60×3(分)」のように比で表せます。

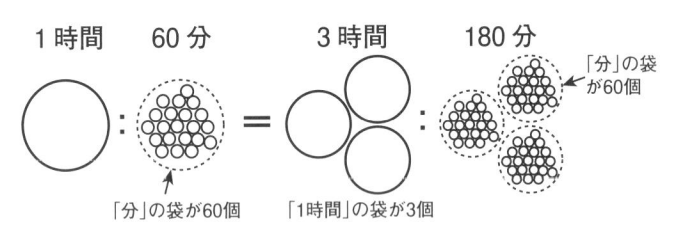

1時間　60分　　　　3時間　　180分

「分」の袋が60個　　「1時間」の袋が3個　　「分」の袋が60個

では、a 時間は何分と表せるでしょうか。

1時間　60分　　　a 時間　　?分

「分」の袋が60個　　「1時間」の袋が a 個

図を見ると、「$1:60=a:??$」と表せるのがわかるのではないでしょうか。「$1×??=60×a$」が成り立つので、??は「$60a$」となります。

時速と分速

時速○km、分速△mという言葉を耳にしたことがあると思いますが、これは、どういう意味なのでしょうか。

時速○kmとは、1時間で何km進むことができるのかを表しています（覚えましょう）。だから、時速5kmは1時間で5km進めるという意味ですし、時速10kmは1時間で10km進めるという意味になります。

分速○mとは、1分で何m進むことができるのかという意味です（先ほどとはちがって「m」というところに注意してください。こちらも覚えてください）。だから、分速5mは1分で5m進めるという意味ですし、分速10mは1分で10m進めるという意味になります。

では、時速36kmを分速にしてみましょう。

時速36kmは、1時間で36km進めるという意味です。

これを分速、つまり1分で何m進むことができるのかに換算します。

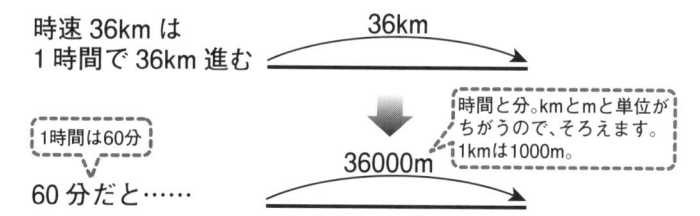

時速36kmは 1時間で36km進む → 36km

↓

1時間は60分
60分だと…… → 36000m

時間と分。kmとmと単位がちがうので、そろえます。1kmは1000m。

60分で36000mを1分で○mにします。「1分：○m＝60分：36000m」と比で表せば、「$1×36000=60×○$」となり、これを解いて「○＝600」となります。

簡単な速度の問題

目標問題の説明

道が渋滞していて時速 15km しか出すことができません。45km 先の取引先まで何時間で到着できるでしょうか。

時速 15km は 1 時間で 15km 進めるという意味ですし、取引先まで、○時間で 45km 先まで進む必要があるということなので、下図のようになります。

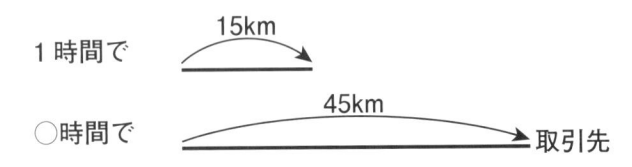

1 時間で　　　15km →

○時間で　　　　　　45km　　　　→ 取引先

だから「1:15＝○:45」という関係が成り立ちます。
「15×○＝45×1」、「○＝3」となります。

速度の問題は、これで解くことができますが、少しむずかしくなると混乱してしまいます。そこでつぎの図を覚えておくといいでしょう。

まずは左下の図を描いて、つぎに、その図に問にある数値を書き込み、求めるものを手でかくします。具体的には、今、問題には距離と速度があるので、それを図に書き込んで、時間を手でかくします。すると、「$\frac{45}{15}$」という式が出てきて、これを計算すると「3 時間」とすぐに答えがわかります。

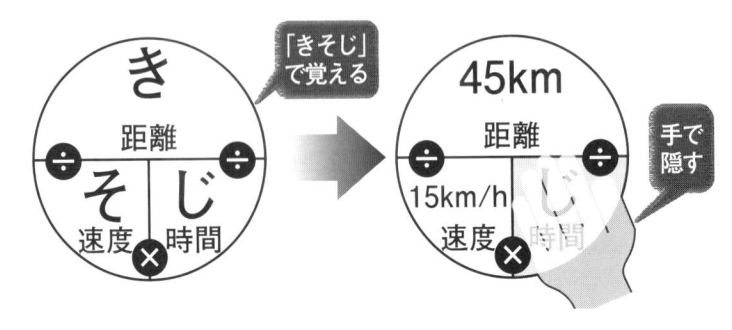

練習問題&解説

つぎの問に答えてください。

① 2時間は、何分ですか。
② $(a+1)$時間は、何分ですか。aを使って表してください。
③ 時速24kmを分速になおしてください。
④ 分速300mを時速になおしてください。
⑤ 時速20kmで、40km先の取引まで行くとき、何時間かかりますか。
⑥ 時速5kmでx時間歩いたときの距離をxで表してください。
⑦ $x$km先に5時間でいくことができました。時速をxで表してください。

・・・・・・答えと解説・・・・・・

① 「$1:60=2:x$」より、$x=60×2=120$(分)
② 「$1:60=(a+1):x$」、$60(a+1)=1×x$、$x=60(a+1)$になります。
③ 時速24kmは、1時間で24km進むということです。60分では24000mです。これを1分あたり○ m進むのかに換算するため、「$60:24000=1:○$」、「$○=24000÷60=400$」になります。
④ 分速300mは1分間で300m進むということです。60分なら何m進のでしょうか。「$1:300=60:x$」で、$x=18000$mになります。これを1時間あたり何km進むのかに換算すれば、1時間で18km進むとわかります。つまり、答えは時速18kmです。
⑤ 「きそじ」の図から、$40÷20=2$(時間)とわかります。
⑥ 右図から、$5x$となることがわかります。
⑦ 右図から、$\dfrac{x}{5}$になることがわかります。

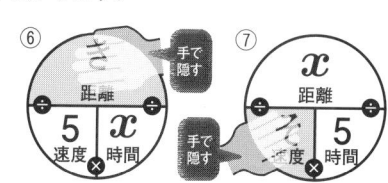

10 速度

目標「A町からB町を経由してC町に行きました。A町からB町までは時速6km、B町からC町までは分速80mでした。A町からC町まで2500mあって、A町からC町まで35分かかりました」
A町からB町の距離を求めましょう

速度

> **例題** A町から B町を往復しました。行きは時速 4km、帰りは時速 6kmだったのですが、5時間かかりました。A町とB町の距離 x kmを求めてみましょう。

文章題のとき、まずは利用しそうな式を思い浮かべます。今、速度の問題なので、先ほど学習した「距離」「速度」「時間」の関係式(きそじの図)を使いそうだとわかるのではないでしょうか。
つぎに、「距離」「速度」「時間」を意識しながら図を描きます。

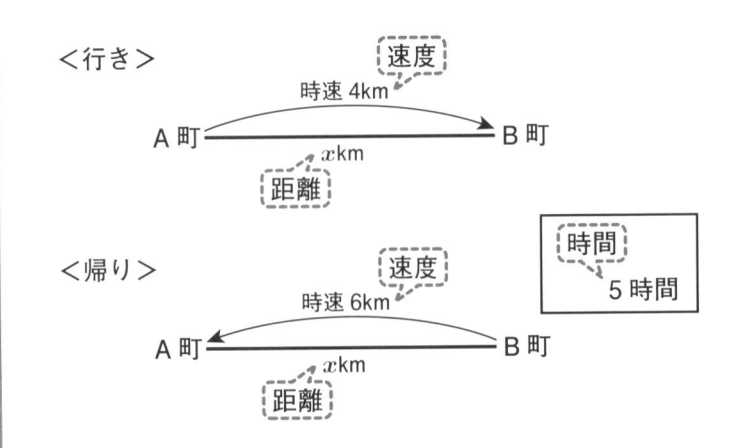

<行き>

速度
時速 4km
A 町 ──────→ B 町
x km
距離

時間
5 時間

<帰り>

速度
時速 6km
A 町 ←────── B 町
x km
距離

図を見ていると、行きと帰りの両方とも、「きそじ」の図にある「距離」「速度」「時間」の3つのうち「時間」がないことに気がつきます。その代わりに、合計時間があります。

ここから「時間」がキーになると予測できます。
というわけで、行きと帰りの時間をそれぞれ出してみます。

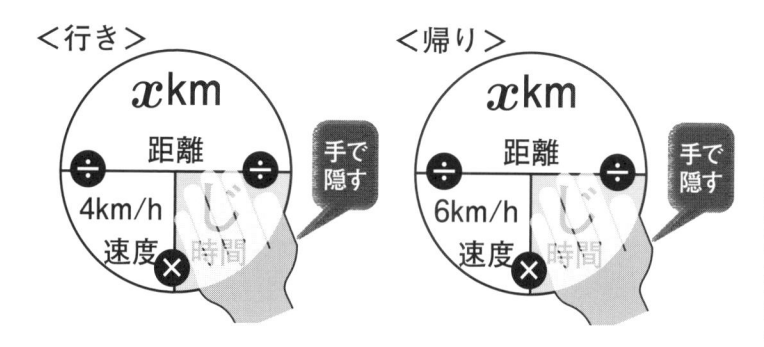

<行き>　　　　　　<帰り>

x km　距離　÷　手で隠す
4km/h 速度 × 時間

x km　距離　÷　手で隠す
6km/h 速度 × 時間

行きの時間は「$\frac{x}{4}$」、帰りの時間は「$\frac{x}{6}$」と表せるとわかります。
この時間の合計が5時間なので、つぎの式をつくることができます。

「$\frac{x}{4} + \frac{x}{6} = 5$」

これを解くと、「$x=12$」となります。

単位の統一

目標問題の説明

目標問題は「A町からB町を経由してC町に行きました。A町からB町までは時速6km、B町からC町までは分速80mでした。A町からC町まで2500mあって、A町からC町まで35分かかったとします。このとき、A町からB町の距離を求めましょう」です。
文章題のとき、まずは利用しそうな式を思い浮かべます。今、速度の問題なので、先ほど学習した「距離」「速度」「時間」の関係式（きそじの図）を使いそうだとわかるのではないでしょうか。
つぎに、図を描きます。

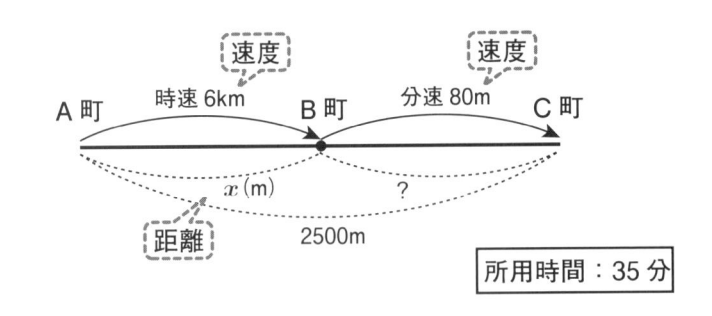

図を見ると、問題を解く前にすべきことが2つあることに気がつきます。

1つ目は、空白のところ（?）を埋めることです。B町からC町の距離は x を使って「$2500-x$」で表すことができます。

2つ目は「単位の統一」です。図には「時間」「分」「km」「m」が混在しています。だから、時速6kmを分速になおす必要があるとわかります。1時間で6km進める、つまり60分で6000m進むことができるということです。これを分速（1分で○m進める）になおすため、「1:○=60:6000」から「○=100」とわかります。

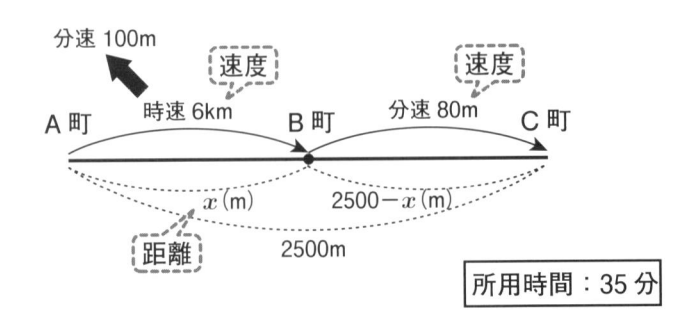

あとは、先ほどの問題と同じく時間に着目すると、
$$\frac{x}{100} + \frac{(2500-x)}{80} = 35$$
の式が出てきて、それを解くと、「$x=1500$」となります。

練習問題&解説

つぎの問に答えてください。

① A町からB町を往復しました。行きは時速3km、帰りは自転車で分速300mだったのですが、40分かかりました。A町とB町の距離$x$kmを求めてみましょう。

② A町からB町を経由してC町に行きました。A町からB町までは時速2km、B町からC町までは時速1kmでした。A町からC町まで3kmあって、A町からC町まで2時間かかったとします。このとき、A町からB町の距離x(km)を求めましょう。

······答えと解説······

① 単位が混在しています。このような場合は、まずは単位を統一するといいでしょう。今回は「時速」「時間」で統一します。

・分速300m → 1分間で300m進めます。60分では何m進めるのでしょうか。「1:300=60:○」で、○=18000(m)となります。つまり、1時間で18km進めるということなので、時速18kmとなります。

・60分で1時間です。40分で○時間とすれば「60:1=40:○」で、60○=40となり、○=$\frac{40}{60}$(時間)となります。

これらを図に書き込んでいきますが、先ほどの問題と同じ図になるので割愛します。時間に注目すると「$\frac{x}{3} + \frac{x}{18} = \frac{40}{60}$」の式をつくることができて、ここから、$x = \frac{12}{7}$(km)となります。

② 先ほどの問題と数値が変わっただけです(単位の換算はしなくてもいいようにしました)。自力で解けるかどうか先ほどのページを見ずに解いてみましょう。

$$\frac{x}{2} + \frac{(3-x)}{1} = 2$$

これを解いて、$x=2$となります。

11 一次関数
目標 「$y=-2x+3$」のグラフを描いてください

一次関数の性質

例題 $y=x$ と $y=x+2$ のグラフを描いてみましょう。

$y=x$ のグラフは描けるはずです。そこに $y=x+2$ のグラフも描き込めばいいのですが、どのように描けばいいのでしょうか。
つぎを見てください。

$x=1$のとき、$y=x$は$y=1$、$y=x+2$は$y=1+2$
$x=2$のとき、$y=x$は$y=2$、$y=x+2$は$y=2+2$
$x=3$のとき、$y=x$は$y=3$、$y=x+2$は$y=3+2$
$x=4$のとき、$y=x$は$y=4$、$y=x+2$は$y=4+2$

x の値が同じとき、$y=x+2$ の y の値は、$y=x$ の y の値よりも、常に2だけ大きいことに気がつくのではないでしょうか。
だから、$y=x+2$ のグラフも、$y=x$ のグラフよりも、y の値が常に2だけ大きくなります。

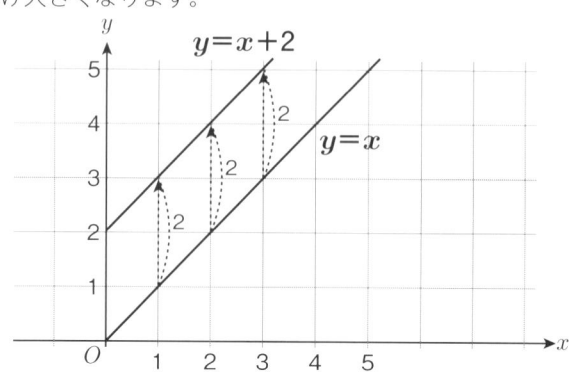

なお、$y = ax + b$ の形になっているグラフの b のことを「切片（せっぺん）」といいます。$y=x+2$ の場合、切片は 2 となります。

グラフを描く

目標問題の説明

それでは、$y=-2x+3$ のグラフを描いてみましょう。

$y=-2x+3$ のグラフは、$y=-2x$ のグラフよりも、y の値が常に 3 だけ大きくなるのはわかるのではないでしょうか。だから、先ほどのように、$y=-2x$ のグラフを描いて、y の値が常に 3 だけ大きくなるようにグラフを描きます。

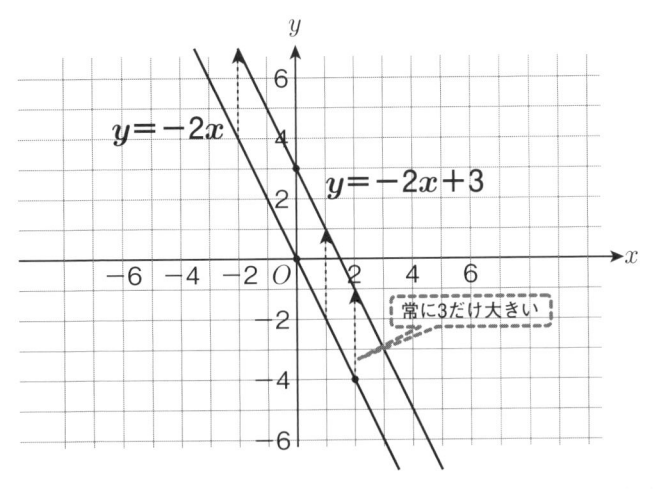

ただ、毎回このように考えると、時間と手間がかかってしまいます。そこで、$y=ax+b$ のグラフを簡単に描く 3 ステップを紹介します。

ステップ 1：グラフの大体の形を描きます。

なお、そのために、次ページのグラフの形を覚えておきましょう。いずれのグラフも一度はきちんと描いているので覚えるのはつらくないと思います。

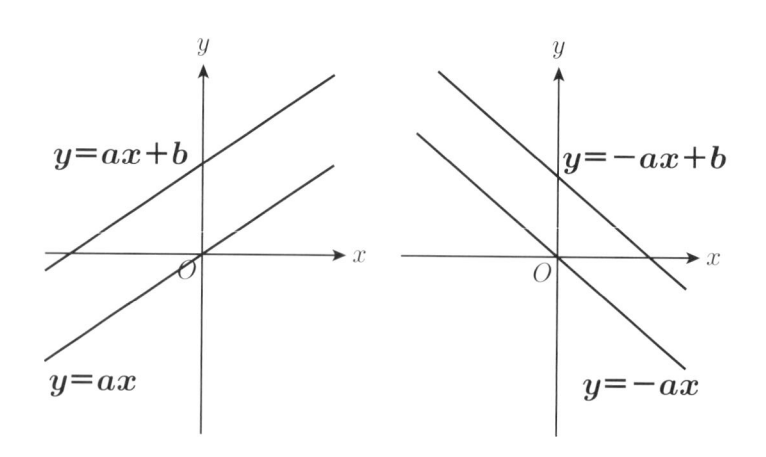

ステップ2：$x=0$ の座標を出してグラフに書き込みます。

今は、$y=-2x+3$ に $x=0$ を代入すると $y=3$ となるので座標 $(0, 3)$ をグラフに書き込みます。なお、$y=ax+b$ に $x=0$ を代入すると、a がどのような値であっても $y=b$ となります。

ステップ3：もう1点を出すために、適当な数値を決めて、$y=-2x+3$ に代入します。$x=-1$ を代入して、$y=5$、つまり座標 $(-1, 5)$ です。これをグラフに書き込みます。

今後、大雑把なグラフを描く機会が出てきます。その際は、この3ステップを思い出すといいでしょう。

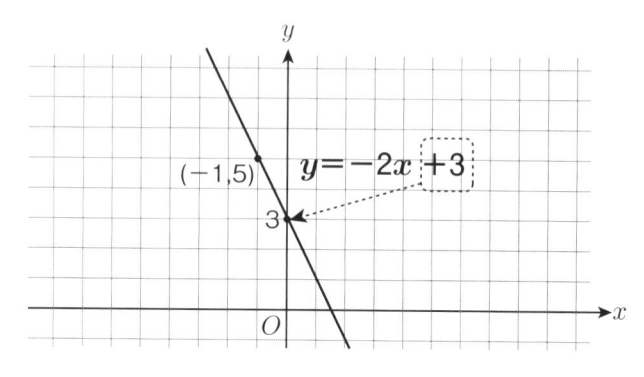

練習問題&解説

つぎのグラフを描いてください。

① $y=2x$と、$y=2x-3$

② $y=-x$と、$y=-x-2$

·······················答えと解説······················

① $y=2x$は原点(0,0)を通る直線です。原点以外に通る座標がわかればグラフを描くことができます。というわけで、$x=2$を代入して$y=4$、つまり(2,4)です。

$y=2x-3$は切片、つまり$x=0$の座標を通ります。切片の座標は(0, -3)です。あともう一点わかればグラフを描くことができます。というわけで、$x=2$を代入して$y=1$、つまり(2,1)です。

② $y=-x$は原点(0,0)を通る直線です。原点以外に通る座標がわかればグラフを描くことができます。というわけで、$x=2$を代入して$y=-2$、つまり(2,-2)です。

$y=-x-2$は切片、つまり$x=0$の座標を通ります。切片の座標は(0, -2)です。あともう一点わかればグラフを描くことができます。というわけで、$x=2$を代入して$y=-4$、つまり(2,-4)です。

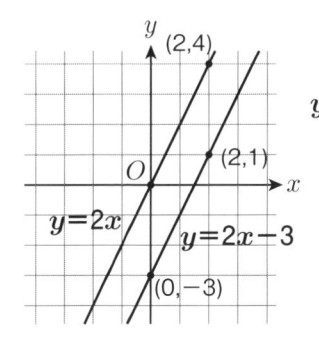

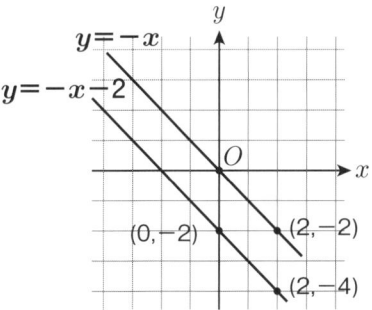

12 一次関数

目標「$y=x+4$ と $y=-3x+8$ の交点の座標」を求めてください

グラフの性質

例題 $y=ax+2$ が、座標(1,3)を通るとき、a の値を求めてください。

わからない場合は、まずは図示してみましょう。

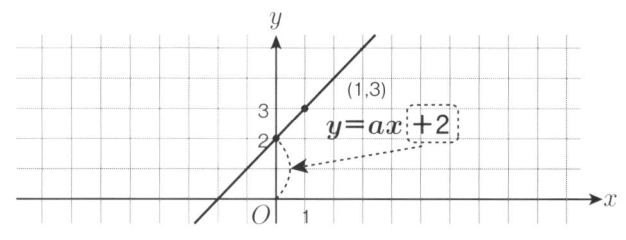

座標 (1,3) を通るということは、$x=1$ のとき、$y=3$ になるということです。つまり、$y=ax+2$ に、$x=1$ を代入すると $y=3$ になるということでもあります。

$y=ax+2$　　（x に1を代入）→（$y=3$ になる）
　　　　　　　$a×1+2 = 3$

「$a+2=3$」を解くと、「$a=1$」となります。
このように、**「座標を通る」とあれば、それを元の式に代入する**といいと覚えておくといいでしょう。

グラフの座標から式を導く

例題 傾きが「2」、切片が「1」の直線の式を求めてみましょう。

このような問題を解くときは、$y=ax+b$ の式に値を入れていけば

いいと覚えておくといいでしょう。

さて、例題ですが、$y=ax+b$ の a は傾き、b は切片でした。だから、そのまま値を入れて、答えは「$y=2x+1$」になります。

つぎに、傾き「−1」、座標(2,5)を通る直線の式を求めてみましょう。考え方は先ほどと同じです。$y=ax+b$ の a は傾きが「−1」なので、$y=-x+b$ になります。あと、座標（2,5）を通るということは、$y=-x+b$ に $x=2$ を代入すれば $y=5$ になるということなので、$x=2$、$y=5$ を代入して、「$5=-2+b$」で、$b=7$ になります。
つまり、この直線の式は「$y=-x+7$」ということになります。

最後に、座標（1,2）と(3,−6)を通る直線の式を求めてみましょう。
考え方は同じです。$y=ax+b$ の式に値を入れていきます。
$y=ax+b$ が（1,2）を通るということは、$x=1$ のとき $y=2$ となるわけなので、$2=a×1+b$ が成り立ちます。
また、$y=ax+b$ が(3,−6)を通るということは、$x=3$ のとき $y=-6$ となるわけなので、$-6=a×3+b$ が成り立ちます。
つまり、つぎの2つの式が成り立ちます。

・$a+b=2$
・$3a+b=-6$

この2つの式を解くと、$a=-4$、$b=6$ となるのがわかります。そして、この直線の式は「$y=-4x+6$」ということになります。

2つの直線の交点

目標問題の説明

2つの直線（A）$y=x+4$ と（B）$y=-3x+8$ は交わっています。交わる点（交点といいます）の座標を求めてみましょう。なお、交点の座標はわからないので、(a,b) と表します。

さて、目標問題ですが、わからない場合は図を描いてみることです（今の場合はグラフを描きます）。

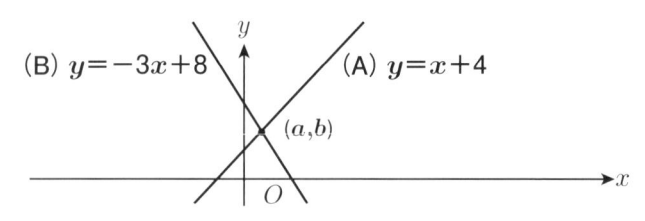

(B) $y=-3x+8$　(A) $y=x+4$

(a,b)

まずは、(B) を手でかくしてください。

すると、(A) が座標 (a,b) を通ることがわかります。すなわち、$y=x+4$ に (a,b) を代入した式「$b=a+4$」が成り立つのがわかるのではないでしょうか。

つぎに (A) を手でかくしてください。

すると、(B) が座標 (a,b) を通ることがわかります。すなわち、$y=-3x+8$ に (a,b) を代入した式「$b=-3a+8$」が成り立つのがわかるのではないでしょうか。

つまり、つぎの2つの式が成り立ちます。

・$b=a+4$

・$b=-3a+8$

これを解くことで、交点の座標は「(1,5)」となります。

さて、ここで直線 (A) と (B) の式を思い出してください。

(A)　$y=x+4$

(B)　$y=-3x+8$

先ほどの a、b の式と同じことがわかります。

本来、2つの直線の交点を出すには、交点をたとえば (a,b) として、そこから計算していくのですが、結局、直線 (A) と (B) の連立方程式を解くのと変わりません。

だから、2つの直線の交点を求めるには、2つの直線の式の連立方程式を解くと覚えておくといいでしょう。

練習問題&解説

つぎの問に答えてください。

① 傾きが－2、切片が2の直線の式を求めてください。
② 傾きが$\frac{2}{3}$、(3,5)を通る直線の式を求めてください。
③ 傾きが－3、(0,5)を通る直線の式を求めてください。
④ 座標(2,4)と(－2,－1)を通る直線の式を求めてください。
⑤ 座標(1,2)と(0,－3)を通る直線の式を求めてください。
⑥ 2つの直線(A)$y=2x-3$と(B)$y=-x+9$の交点の座標を求めてください。
⑦ 2つの直線(A)$y=x+3$と(B)$y=-x+3$の交点の座標を求めてください。

················答えと解説··················

① $y=ax+b$のaが傾き、bが切片なので$a=-2$、$b=2$となります。よって、$y=-2x+2$となります。

② 傾きが$\frac{2}{3}$なので、$y=\frac{2}{3}x+b$と表すことができます。これに(3,5)を代入すると、$b=3$となります。よって、$y=\frac{2}{3}x+3$となります。

③ 傾きが－3なので、$y=-3x+b$と表すことができます。(0,5)は切片のことなので$b=5$です。よって、$y=-3x+5$となります。

④ 求める直線の式を$y=ax+b$とします。(2,4)を代入して、$4=2a+b$、(－2,－1)を代入して、$-1=-2a+b$となります。あとはこの連立方程式を解きます。$a=\frac{5}{4}$、$b=\frac{3}{2}$となり、$y=\frac{5}{4}x+\frac{3}{2}$となります。

⑤ $y=ax+b$に(1,2)を代入して、$2=a+b$、(0,－3)を代入して$b=-3$になります。よって、$a=5$となり、答えは、$y=5x-3$となります。

⑥ (A)と(B)の連立方程式を解きます。(B)を(A)に代入して、$-x+8=2x-3$となり、ここから$x=4$になります。これを(B)に代入して$y=5$になります。よって交点の座標は(4,5)です。

⑦ (A)と(B)の連立方程式を解きます。(B)を(A)に代入して、$x+3=-x+3$となり、ここから$x=0$になります。これを(B)に代入して$y=3$になります。よって交点の座標は(0,3)です。

3

STEP 3

中学3年の計算問題を総復習

いよいよ中3数学です。でも、これまでに面倒がらずにイチから順番に計算するクセがついていれば、なにもこわいことはありません。乗法計算も因数分解も少しの公式を覚えておけば、計算は簡単にできるようになります。平方根、二次方程式、二次関数といっても、中3の計算問題は、中2数学までの計算の応用がほとんどです。

1 単項式・多項式

目標 「$(2a+1)(3b-2)=$」の（　）をはずしてください

多項式と単項式のかけ算

例題 「$3a \times (a-b)=$」を計算してみましょう。

これは今まで学習した知識で解くことができます。つぎのように計算します。

$$3a \times (a-b) = 3a \times a - 3a \times b$$

（aを2回かけている）

$$= 3a^2 - 3ab$$

（かけ算記号「×」は省略。文字はアルファベットの順）

多項式と単項式のわり算

例題 「$(3x^3y^2-6xy) \div (-3xy)=$」を計算してみましょう。

わり算はかけ算になおします。今までと同じように考えるといいでしょう。

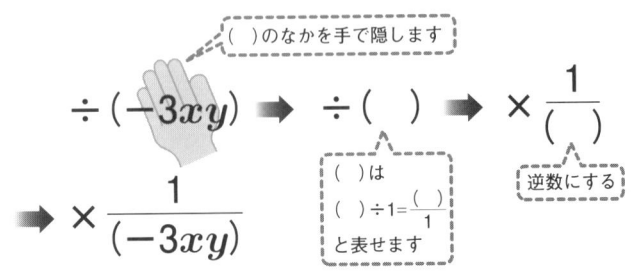

$$\div (-3xy) \;\Rightarrow\; \div (\;\;) \;\Rightarrow\; \times \frac{1}{(\;\;)} \;\Rightarrow\; \times \frac{1}{(-3xy)}$$

（　）のなかを手で隠します

（　）は（　）÷1=$\frac{(\;\;)}{1}$ と表せます

逆数にする

というわけで例題です。

$$(3x^3y^2-6xy) \div (-3xy)$$
$$= (3x^3y^2-6xy) \times \frac{1}{(-3xy)}$$
$$= 3x^3y^2 \times \frac{1}{(-3xy)} - 6xy \times \frac{1}{(-3xy)}$$
$$= \frac{3 \times x \times x \times x \times y \times y}{(-3xy)} - \frac{6 \times x \times y}{(-3xy)}$$

3, x, y で約分　　　3, x, y で約分

$$= \frac{x \times x \times y}{(-1)} - \frac{2}{(-1)}$$

－と－で＋

$$= -x^2y + 2$$

少し、ややこしいので、正確に解けるようになるまで何度も解いてください。

式の展開

例題 「$(a+b)(c+d)=$」を計算してみましょう。

これは今まで学習したことを、少し応用させると答えがわかります。どうすればいいのでしょうか。

まずは左側の（　）のなかを手でかくしてみてください。すると、つぎのようになります。

$$(\quad)(c+d) = (\quad) \times c + (\quad) \times d$$

あとは（　）を元に戻して、（　）をはずします。

$$(a+b) \times c + (a+b) \times d = ac + bc + ad + bd$$

このように考えれば解けますが、理由がわかったところで、今後のために、つぎを公式として丸暗記しておいてください。

（ ）をはずすとき、つぎの順番でかけ合わせます。

$$(a+b)(c+d) = ac + ad + bc + bd$$

目標問題の説明

たとえば「$(2a+1)(3b-2)=$」を、公式を使って計算してみましょう。

これは、つぎのように計算すればいいです。

$$(2a+1)(3b-2)$$
$$= 2a \times 3b - 2a \times 2 + 1 \times 3b - 1 \times 2$$

これを計算して「$6ab - 4a + 3b - 2$」となります。

ちなみに、つぎの公式も、ついでに覚えておくといいでしょう。

$$(a+b)(c+d+e) = ac + ad + ae + bc + bd + be$$

練習問題&解説

つぎの計算をしてください。

① $-2x(x-y)=$

② $\dfrac{1}{2}(4x-2y)=$

③ $4a\left(\dfrac{1}{4}+2b\right)-3b(2a+1)=$

④ $(8a^2b-12ab^3)\div 4ab=$

⑤ $(a+1)(c+2)=$

⑥ $(2x-1)(x-3)=$

⑦ $(x+1)(3x+2)=$

⑧ $(a+1)(2b-3)=$

⑨ $(2x+3)(2x-4)=$

·············答えと解説·············

① $-2x \times x-(-2x)\times y=-2x^2+2xy$

② $\dfrac{1}{2}\times 4x-\dfrac{1}{2}\times 2y=2x-y$

③ $4a\times\dfrac{1}{4}+4a\times 2b-3b\times 2a-3b\times 1=a+2ab-3b$

④ $(8a^2b-12ab^3)\times\dfrac{1}{4ab}$
$=8a^2b\times\dfrac{1}{4ab}-12ab^3\times\dfrac{1}{4ab}$
$=\dfrac{\overset{2}{\cancel{8}}\times\cancel{a}\times a\times\cancel{b}}{\underset{1}{\cancel{4}}\underset{1}{\cancel{a}}\underset{1}{\cancel{b}}}-\dfrac{\overset{3}{\cancel{12}}\times\cancel{a}\times\cancel{b}\times b\times b}{\underset{1}{\cancel{4}}\underset{1}{\cancel{a}}\underset{1}{\cancel{b}}}$
$=2a-3b^2$

⑤ $ac+2a+c+2$

⑥ $2x^2-6x-x+3=2x^2-7x+3$

⑦ $3x^2+2x+3x+2=3x^2+5x+2$

⑧ $2ab-3a+2b-3$

⑨ $4x^2-8x+6x-12=4x^2-2x-12$

2 単項式・多項式
目標 「$(x+a)(x+b)=$」の計算

乗法公式1

目標問題の説明

さっそく、「$(x+a)(x+b)=$」を計算してみましょう。
先ほど学習した公式を使えば、つぎのようになります。

$$(x+a)(x+b) = x^2 + bx + ax + ab$$

さて、ここで②と③に着目してください。
この2つは $(a+b)x$ とできます。実際、$(a+b)x$ の（ ）をはずすと $ax+bx$ となります。
つまり、つぎの式が成り立ちます。
今後のために公式として覚えておくといいでしょう（今後勉強する因数分解のためにも公式をしっかり覚える必要があります）。

$$(x+a)(x+b) = x^2 + \underbrace{(a+b)}_{\text{和}}x + \underbrace{ab}_{\text{積}}$$

（例）$(x+2)(x+4) = x^2+(2+4)x+2\times 4 = x^2+6x+8$

例題 「$(x+2)(x-4)=$」を解いてみましょう。

これも公式通りに解くことができます。

> −4は、+(−4)ともいえます

> ( )のなかを手で隠した

$$(x+2)\{x+(-4)\} = (x+2)\{x+(\ )\}$$
$$= x^2 + \{2+(-4)\}x + 2\times(-4)$$

よって、「x^2-2x-8」となります。

同様に「$(2x+1)(2x+3)=$」を解いてみましょう。

$2x$ を●で塗りつぶしてみてください。

すると、問題は「$(●+1)(●+3)=$」となります。これならば公式を使えるのではないでしょうか。

「$●^2+(1+3)●+1\times3=●^2+4●+3$」となります。

あとは●を元に戻して、「$(2x)^2+4(2x)+3=4x^2+8x+3$」となります。なお、元に戻すとき $(2x)$ というように ( ) をつけるのを忘れてはいけません。

乗法公式2

例題 「$(x+a)^2=$」を解いてみましょう。

例題は「$(x+a)(x+a)$」とすることができます。これならば公式を使うことができるのではないでしょうか。先ほどの公式を使ってみましょう。

$$(x+a)(x+a) = x^2 + \underbrace{(a+a)}_{\text{和}}x + \underbrace{a\times a}_{\text{積}}$$
$$= x^2 + 2ax + a^2$$

同様に「$(x-a)^2=$」を解いてみましょう。先ほどと同じです。つぎのように解きます。

$$(x-a)(x-a) = x^2 + \underbrace{\{(-a)+(-a)\}}_{\text{和}}x + \underbrace{(-a)\times(-a)}_{\text{積}}$$
$$= x^2 - 2ax + a^2$$

これらの結果も公式です。公式ばかり続きますが、もう理解はできましたので、しっかり覚えておきましょう。

$$(x+a)^2 = x^2 + 2ax + a^2$$
$$(x-a)^2 = x^2 - 2ax + a^2$$

(例1) $(x+3)^2 = x^2 + 2 \times 3 \times x + 3^2 = x^2 + 6x + 9$

(例2) $(x-3)^2 = x^2 - 2 \times 3 \times x + 3^2 = x^2 - 6x + 9$

乗法公式3

例題 「$(x+a)(x-a)=$」を解いてみましょう。

公式を使って解いてみます。つぎのようになります。

$$x^2 + \{a+(-a)\}x + a \times (-a) = x^2 + 0 \times x - a^2 = x^2 - a^2$$

この結果も公式です。覚えておきましょう。

$$(x+a)(x-a) = x^2 - a^2$$

(例) $(x+5)(x-5) = x^2 - 5^2 = x^2 - 25$

覚えておくべき乗法公式

$$(x+a)(x+b) = x^2 + \underbrace{(a+b)}_{\text{和}} x + \underbrace{ab}_{\text{積}}$$
$$(x+a)^2 = x^2 + 2ax + a^2$$
$$(x-a)^2 = x^2 - 2ax + a^2$$
$$(x+a)(x-a) = x^2 - a^2$$

練習問題&解説

つぎの計算をしてください(公式を使ってください)。

① $(x-3)(x+3)=$

② $(x+3)^2=$

③ $(x+2)(x+3)=$

④ $(x-3)^2=$

⑤ $(2x+5)(2x-5)=$

⑥ $(2x+4)^2=$

⑦ $(2x-2)(2x+1)=$

⑧ $(x+1)(x+2y-1)=$

・・・・・・・・・・・・・・・・・・・・・・答えと解説・・・・・・・・・・・・・・・・・・・・・・

① x^2-9

② x^2+6x+9

③ $x^2+(2+3)x+6=x^2+5x+6$

④ x^2-6x+9

⑤ $2x=○$とすると、問は$(○+5)(○-5)$となり、公式の形になります。これを展開すると、$○^2-5^2=○^2-25$となります。○を元に戻すと、$(2x)^2-25=4x^2-25$となります。

⑥ $(2x)^2+2×2x×4+4^2=4x^2+16x+16$

⑦ $2x=○$とすると、問は$(○-2)(○+1)$となります。これを展開すると、$○^2+(-2+1)○-2$となります。○を元に戻して、$(2x)^2-(2x)-2$、よって、$4x^2-2x-2$となります。

※「$4x^2-x-2$」というまちがいをしてしまう人がいます。$2x=○$と置き換えればこのようなまちがいはしませんので、置き換えるようにしましょう。

⑧ $2y-1=○$と置き換えます。すると、問題は$(x+1)(x+○)$となります。これを展開すれば、$x^2+(1+○)x+○$となります。

○を元に戻すと、$x^2+(1+2y-1)x+2y-1=x^2+2xy+2y-1$となります。少しむずかしい問題ですが、基本が固まったあとに解けるようになりたいものです。

3 素因数分解
目標 60を素因数分解してください

素数とは？

素数とは「その数でしかわり切れない数」のことです（1は除く）。どういうことでしょうか。

たとえば7は、2でわろうとしても3でわろうとしても4でわろうとしてもわり切れませんが「7」だとわり切れます（7でしかわり切ることができません）。だから、7は素数です。

一方、8は、2でも4でもわることができますし（わり切れます）、もちろん8でもわることができます。だから、8は素数ではありません。

というわけで、素数の例をあげるので、覚えておきましょう。

<素数の例> 2、3、5、7、11、13、17、19 など
<素数ではない数の例> 4（2でわれる）、6（2と3でわれる）、8（2と4でわれる）、9（3でわれる）、10（2、5でわれる）など

素因数分解

覚えた素数は何に使うのでしょうか。そのひとつに素因数分解があります。

素因数分解とは、たとえば、6＝2×3、8＝2×2×2＝2^3 というように、ある数を素数のかけ算にして表すことです（なぜ素因数分解しなければならないのかは追々わかります）。

目標問題の説明

では、具体的に素因数分解はどのようにすればいいのでしょうか。
60を例にして素因数分解してみます。
まずは、一番小さな素数で60をわります。2ですね。
この際、つぎのようにわり算を逆にしたような図を描きます。

```
       2 ) 60
           30    ← 60÷2
```
（一番ちいさな素数）

30は、まだ素数の2でわることができます。

```
       2 ) 60
       2 ) 30
           15    ← 30÷2
```

15は、2ではわることはできませんが、2のつぎに大きな素数である「3」でわることができます。

```
       2 ) 60
       2 ) 30
       3 ) 15
            5    ← 15÷3
```

5素数です。これ以上、素数でわることはできません。ここで計算は終了です。あとは、下図の点線部分の数字をかけ算にします。

```
       2 ) 60
       2 ) 30
       3 ) 15
            5
```

つまり、60=2×2×3×5=2^2×3×5となります。

乗法公式の利用

> **例題** 暗算で「$103^2=$」を計算してみましょう。

ふつうは、そろばんなどを習っていないと暗算することはできないのですが、168ページで学習したことを応用させれば暗算できるようになります。

では、どのようにすればいいのでしょうか。

ステップ1：170ページにある公式のうち、どれが使えるのかを考えます。

公式をながめていると、つぎの公式が使えそうだとわかるのではないでしょうか。

$$(x+a)^2 = x^2 + 2ax + a^2$$
$$\Rightarrow (\bigcirc + \triangle)^2 = \bigcirc^2 + 2\triangle\bigcirc + \triangle^2$$

> 公式だとよくわからなければ、
> 「2つの数字である○と△を足して、2回かける」
> という本来の意味に戻るといいでしょう。

ステップ2：暗記した公式に計算式をあてはめます。ここがキモなのですが、計算しやすいようにあてはめます。

（×）　$(97+6)^2$　⇒　「97^2」や「$2\times97\times6$」のように、暗算できない計算式がでてくるので、このようにしてはいけません。

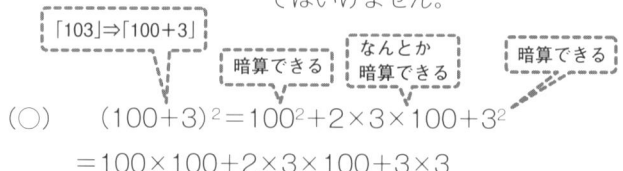

「103」⇒「100+3」　　暗算できる　　なんとか暗算できる　　暗算できる

（○）　$(100+3)^2 = 100^2 + 2\times3\times100 + 3^2$
$= 100\times100 + 2\times3\times100 + 3\times3$

ほかにも、170ページにある公式を覚えていれば、計算を簡単にできるものもあります。この先勉強する因数分解のためにもしっかり覚えておきましょう。

練習問題&解説

つぎの問に答えてください。

① 20までの素数をあげてください。

つぎの数字を素因数分解してください。

② 72

③ 50

④ 16

⑤ 90

・・・・・・・・・・・・・・・・・・・・・・・・・・・・・・・・・・答えと解説・・・・・・・・・・・・・・・・・・・・・・・・・・・・・・・・・・

① 2、3、5、7、11、13、17、19

② $2^3 \times 3^2$

```
2)72
2)36
2)18
3) 9
   3
```

③ 2×5^2

```
2)50
5)25
   5
```

④ 2^4

```
2)16
2) 8
2) 4
   2
```

⑤ $2 \times 3^2 \times 5$

```
2)90
3)45
3)15
   5
```

4 因数分解

目標 「$3y(a+1)-2(a+1)$」の因数分解

共通因子1

例題 「$ax-ay=$」を因数分解してください。

因数分解とは、大ざっぱにいえば、（　）でくくることです。ただ、その際、できるだけ簡単な形になるようにします。これは、どういうことでしょうか。例題を解きながら説明していきます。

さて、例題の式をじっとながめてみてください。a が共通していることがわかります。

このように共通する数字や文字があるときは、つぎの手順で因数分解をします。

＜手順1＞まずは共通するものを前にもってきて、そのあとに（　）を書きます。

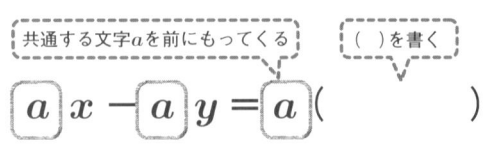

共通する文字aを前にもってくる　　（　）を書く

$$\boxed{a}x - \boxed{a}y = \boxed{a}(\qquad)$$

＜手順2＞共通するものを前にもってきたので、（　）のなかには、元の式「$ax-ay$」から a を取ったものが入ります。

そこで、（　）のなかには元の式を a でわったものを入れます。元の式を a でわると「$x-y$」になります。

手順2で出てきたものを手順1の（　）のなかに入れると、「$a(x-y)$」になります。これが答えになります。

では、なぜ、このようにできるのでしょうか。逆から考えれば、その答えがわかります。

というわけで、今度は、解答の「$a(x-y)$」の（　）をはずしてみましょう。すると、つぎのようになります。

$$a(x-y) = ax - ay$$

これは例題にあった文字式です。

つまり、つぎのように（　）をつけたり、はずしたりできるのです。

$$a(x-y) = \boxed{a}x - \boxed{a}y = a(x-y)$$

では、「$-ax-ay$」を因数分解してみましょう。

問をつぎのようにすると「$-a$」が共通していることがわかるのではないでしょうか。

$$-ax - ay = (\boxed{-a}x) + (\boxed{-a}y)$$

<手順1> 共通するものを前にもってきて、かっこをつけます。
「$-a(\quad)$」になります。

<手順2> 共通する$-a$を前にもってきたので、（　）のなかには元の式の$(-ax)+(-ay)$から、$-a$をとったものが入ります。そこで、元の式を$-a$でわります。すると、「$x + y$」となります。

手順2で出てきたものを手順1の（　）のなかに入れると、答えは、「$-a(x+y)$」だとわかります。

例題 「$x^2 - xy$」を因数分解してみましょう。

例題をつぎのようにすると「x」が共通していることがわかるのではないでしょうか。

$$x^2 - xy = \boxed{x} \times x - \boxed{x} \times y$$

<手順1>共通するものを前にもってきて、かっこをつけます。x（　）になります。

<手順2>元の式「$x^2-xy=x\times x-x\times y$」を共通する$x$でわります。「$x-y$」になります。

手順2で出てきたものを手順1の（　）に入れると、答えの「$x(x-y)$」が出てきます。

共通因子2

目標問題の説明

目標問題の「$3y(a+1)-2(a+1)$」を因数分解してみましょう。

パッとわからない場合は$(a+1)$を●で置き換えてみるといいでしょう。すると、問題の式は「$3y\times● - 2\times●$」になります。これで、共通するものを探せるのではないでしょうか。

<手順1>共通するものを前にもってきて、（　）をつけます。●（　）となります。

<手順2>元の式「$3y\times● - 2\times●$」を、共通する●でわります。この際、たとえば7÷7＝1、11÷11＝1というように、同じ数字でわると1になるため、●÷●＝1だとわかっていれば、「$3y-2$」となるのはわかると思います。

> ひとカタマリということで
> （　）を忘れないようにします

$$(3y\times● - 2\times●) \div ●$$

手順2で出てきたものを手順1の（　）のなかに入れると、●$(3y-2)$になります。

●を元に戻して、答えは「$(a+1)(3y-2)$」になります。

練習問題＆解説

因数分解をしてください。
① $-x-y=$
② $3a-2ab=$
③ $-2ax-4ay=$
④ $3x^2y^2-6xy+3xy^2=$
⑤ $y(2x+1)+2(2x+1)=$
⑥ $2x(x-1)-(1-x)=$

·······················答えと解説·······················

① 1は省略するので、省略を元に戻すと$(-1)\times x+(-1)\times y$となります。$-1$が共通するものなので、$(-1)(x+y)$となります。1を省略して、$-(x+y)$となります。

② 共通するものはaです。$a(3-2b)$となります。

③ 共通するものは$-2a$です。$-2a(x+2y)$となります。

④ 共通するものは、$3xy$です。$3xy(xy-2+y)$となります。

⑤ $(2x+1)=○$と置き換えます。すると問題は、$y\times○+2\times○$となります。○が共通するものなので、$○(y+2)$となります。○を元に戻して、$(2x+1)(y+2)$となります。

⑥ $1-x=-x+1$です。さらに$-x+1=(-1)\times x+(-1)\times(-1)$といい換えられます。共通するものは$-1$のため、$(-1)(x-1)=-(x-1)$とできます。

毎回このように考えるのは大変なので、$-x+1$を見たら、$-$を共通するものと見て、$-(\ \ )$にして、$(\ \ )$のなかは$-$でわるといいでしょう。つまり、$(\ \ )$のなかは、$(-x+1)\div(-1)$で、「$x-1$」となります。
前置きが長くなりました。$2x(x-1)-(1-x)=2x(x-1)-(-1)\times(x-1)=2x(x-1)+(x-1)$となります。$x-1=○$と置き換えます。すると、$2\times x\times○+○$となります。共通するものは○なので、$○(2x+1)$となります。○を元に戻して、$(x-1)(2x+1)$。

マイナスの符号の扱いはよく慣れるようにしておいてください。

5 因数分解
目標 「$4x^2-9y^2$」の因数分解

因数分解1

例題 「x^2-2^2」を因数分解してください。

この式の形には見覚えがあるのではないでしょうか。実は乗法の公式の右辺と同じ形です(170ページ参照)。

$$(x+a)(x-a)=x^2-a^2$$

乗法公式の展開式の左辺と右辺を逆にして、例題の式と見比べてみてください。すると、答えはつぎのようになるとわかります。

$x^2-a^2=(x+a)(x-a)$
➡ $x^2-2^2=(x+2)(x-2)$

因数分解2

例題 「$x^2+2\times 3\times x+3^2$」を因数分解してください。

この式の形にも見覚えがあるのではないでしょうか。実はつぎの乗法公式の右辺と同じ形です。

$$(x+a)^2=x^2+2ax+a^2$$

この公式の左辺と右辺を逆にして、例題の式と見比べてみてください。すると、答えはつぎのようになるとわかります。

$x^2+2ax+a^2=(x+a)^2$
➡ $x^2+2\times 3\times x+3^2=(x+3)^2$

同じように、「$x^2-2\times3\times x+3^2$」を因数分解してください。
これも乗法公式のつぎの右辺と同じ形です。

$$(x-a)^2 = x^2-2ax+a^2$$

答えはつぎのようになります。

$$x^2-2ax+a^2 = (x-a)^2$$
➡ $x^2-2\times3\times x+3^2 = (x-3)^2$

因数分解3

例題 「$x^2+(2+3)\times x+2\times3$」を因数分解してください。

この式の形にも見覚えがあるのではないでしょうか。実はつぎの乗法公式の右辺と同じ形です。

$$(x+a)(x+b) = x^2+(a+b)x+ab$$

この公式も左辺と右辺を逆にして、問の式と見比べてみてください。
すると、答えは、つぎのようになるとわかります。

$$x^2+(a+b)x+ab = (x+a)(x+b)$$
➡ $x^2+(2+3)x+2\times3 = (x+2)(x+3)$

どの因数分解の公式を利用するか

4通りの因数分解の問題を解きました。乗法公式の逆ということがわかります。因数分解は式をパッと見てわかるように公式を丸暗記しておかないと話になりません。理想は「公式を理解する→公式を覚える→何度も練習問題を解く」という流れです。

目標問題の説明

では「$4x^2-9y^2$」を因数分解してみましょう。
因数分解は、問の式が公式のどれになるのかを考えるのが近道です。

というわけで、まずは問の式は、つぎのうちのいずれの公式に近いのかを考えます。ここだけはしっかりと覚えるようにしましょう。

覚えておくべき因数分解の公式

(A) $x^2 - a^2 = (x+a)(x-a)$

(B) $x^2 + 2ax + a^2 = (x+a)^2$

(C) $x^2 - 2ax + a^2 = (x-a)^2$

(D) $x^2 + (a+b)x + ab = (x+a)(x+b)$

(A) に近いのはわかるのではないでしょうか。
あとは公式の通りに式を変形するだけですが、どのように考えればいいのでしょうか。

$$4x^2 - 9y^2 = 4 \times x \times x - 9 \times y \times y = 2 \times 2 \times x \times x - 3 \times 3 \times y \times y$$
$$= 2x \times 2x - 3y \times 3y = (2x)^2 - (3y)^2$$

わかりにくいのなら、つぎのように考えるといいでしょう。

$\boxed{(2x)}^2 - \boxed{(3y)}^2$ ➡ $\bigcirc^2 - \triangle^2$

（○に置き換えた、△に置き換えた）

よって、つぎのようになります。

$$x^2 - a^2 = (x+a)(x-a)$$
➡ $\bigcirc^2 - \triangle^2 = (\bigcirc + \triangle)(\bigcirc - \triangle)$
　　　　　　　$2x$　$3y$　　$2x$　$3y$

答えは「$(2x+3y)(2x-3y)$」となります。
なお、因数分解の問題の場合、時間があるなら答えの（ ）をはずしてみるといいでしょう。( )をはずすと問の式になれば正解です。

練習問題&解説

因数分解してください。

① x^2-3^2

② $x^2-2\times 5\times x+5^2$

③ $x^2+(-2+3)\times x-2\times 3$

④ $16x^2-25y^2$

⑤ $x^2+2\times 2\times x+2^2$

⑥ $x^2+(1+3)\times x+1\times 3$

⑦ $x^2+9x+18$ （ヒント:公式「$x^2+(a+b)x+ab$」のタイプ）

·······答えと解説·······

慣れないうちは公式と見比べながら解くといいでしょう。そのあとは、公式を暗記して、もう一度、この問題を解きましょう。

① $(x+3)(x-3)$

② $(x-5)^2$

③ $x^2+(-2+3)\times x+(-2)\times 3$とすればわかるのではないでしょうか。$(x-2)(x+3)$となります。

④ $(4x)^2-(5y)^2$とすればわかるのではないでしょうか。$(4x+5y)(4x-5y)$となります。

⑤ $(x+2)^2$となります。

⑥ $(x+1)(x+3)$

⑦ このタイプの因数分解のコツは次ページで紹介します。ここでは、つぎのものを見ながら、aとbの組み合わせを考えてみてください。わからなくても考えるという作業が大切なのでしっかり考えてください。

結果は、$a=3$、$b=6$です。

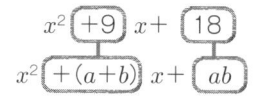

よって$(x+3)(x+6)$となります。

$x^2\boxed{+9}\,x+\boxed{18}$
$x^2\boxed{+(a+b)}\,x+\boxed{ab}$

6 因数分解
目標 「$2x^2+4x+2$」の因数分解

例題 「$3x^2-27$」を因数分解してください。

4つの公式のどのタイプなのかを考えると、(A)だと推測できるのではないでしょうか。

因数分解の公式を再確認しましょう。

> (A) $x^2-a^2=(x+a)(x-a)$
> (B) $x^2+2ax+a^2=(x+a)^2$
> (C) $x^2-2ax+a^2=(x-a)^2$
> (D) $x^2+(a+b)x+ab=(x+a)(x+b)$

しかし、例題の式を、うまく（ ）^{2}の形にできません。

このように公式にはうまくあてはまらないときがあります。

そのような場合は、問の式の形を変えるといいでしょう。たとえば共通するものを（ ）でくくります。

というわけで、例題ですが、$3x^2-3\times 9$とすれば「3」が共通するとわかります。

よって、$3(x^2-9)$となります。

さて、ここで（ ）のなかに注目してください。（ ）のなかは、x^2-3^2とすることができます。

(A)の公式が使えます。

$$x^2-a^2=(x+a)(x-a)$$
$$\Rightarrow x^2-3^2=(x+3)(x-3)$$

よって、答えは「$3(x+3)(x-3)$」になります。

というわけで、因数分解を解くときはつぎの3ステップを覚えておくといいでしょう。

ステップ1：共通する数字、文字を前において（ ）でくくります。
ステップ2：つぎの公式と見比べて、どのタイプなのか見極めます。

(A) $x^2 - a^2 = (x+a)(x-a)$
(B) $x^2 + 2ax + a^2 = (x+a)^2$
(C) $x^2 - 2ax + a^2 = (x-a)^2$
(D) $x^2 + (a+b)x + ab = (x+a)(x+b)$

ステップ3：公式にあてはまるように式の形を変えます。
それでは、この3ステップに従ってつぎをやってみましょう。

例題　「$x^2 - 3x - 18$」を因数分解してみましょう。

ステップ1：共通するものはありませんので、このステップは飛ばします。
ステップ2：(B)か(C)か(D)のどちらかのタイプだと推測できます。仮に(B)か(C)だとすると、-18がa^2となる必要がありますが、そのようにできないので(D)のタイプだとわかります。
ステップ3：公式と例題の式を見比べてみてください。

$$x^2 \boxed{+(a+b)}\, x \boxed{+ab}$$
$$x^2 \boxed{-3}\, x \boxed{-18}$$

つぎの2つの式が成り立つa、bを求めればいいのです。要はこの2つの連立方程式を解けばいいのですが、手間がかかります。

$a+b = -3$
$ab = -18$

そこで、かけ算のほうに着目しましょう。
かけ合わせれば-18になる数字を思い浮かべてください（$ab = -18$の部分）。たとえば、つぎの組み合わせが思い浮かぶと思います。

「−2×9＝−18」

「3×(−6)＝−18」

あとは思いついた組み合わせをたし合わせます（$a+b=-3$ の部分）。このようにして、a と b の組み合わせを見つけます。

というわけで、$a=-6$、$b=3$ になります。

よって、答えは「$(x-6)(x+3)$」になります。

目標問題の説明

目標問題の「$2x^2+4x+2$」を因数分解してみましょう。

ステップ1：問は「$2x^2+4x+2=2x^2+2\times 2\times x+2$」とできます。2が共通するので、2を（ ）でくくります。よって、$2(x^2+2x+1)$ となります。

ステップ2：(B)か(C)か(D)になると予測できます。1は 1^2 ともできることから、おそらく(B)だと目星をつけます。

ステップ3：公式にあてはまるようにします。

$$x^2+2ax+a^2=(x+a)^2$$
$$\Rightarrow x^2+2\times 1\times x+1^2=(x+1)^2$$

よって、答えは「$2(x+1)^2$」になります。2を忘れないようにします。

例題　「$x^2-xy+\dfrac{1}{4}y^2$」を因数分解してみましょう。

ステップ1：共通するものはありません。

ステップ2：$\dfrac{1}{4}y^2=\left(\dfrac{1}{2}y\right)^2$ に気がつくかどうかです。気がつけば、公式（B）を使えるとわかるのではないでしょうか。

ステップ3：つぎのように考えます。

$$x^2+2ax+a^2=(x+a)^2$$
$$\Rightarrow x^2+2\times\left(\dfrac{1}{2}y\right)\times x+\left(\dfrac{1}{2}y\right)^2=\left(x+\dfrac{1}{2}y\right)^2$$

練習問題&解説

因数分解してください。
① x^2+6x-7
② x^2-5x+6
③ $2x^2-12x+16$
④ $ax^2+ax-6a$
⑤ $x^2y-10xy+25y$

・・・・・・答えと解説・・・・・・

うまく因数分解するコツは「慣れ」です。練習問題を何度も解いて慣れましょう。

① 公式(D)「$x^2+(a+b)x+ab$」になりそうです。(D)の場合は、まずはab(積)から考えます。かけ合わせて-7になるものは、「-1×7」「1×(-7)」の2つしかありません。つぎに、$a+b$を考えます。たすと+6になるのは、先ほどの積の組み合わせのどちらでしょうか。考えるまでもなく「-1×7」のほうです。よって、答えは$(x-1)(x+7)$となります。

② 公式(D)のタイプです。(D)の場合は、まずは積から考えます。かけ合わせて+6になる数字は「1と6」「2と3」「-1と-6」「-2と-3」の4つあります。つぎに和を考えます。たすと-5になる組み合わせを選ぶと「-2と-3」の組み合わせしかありません。よって、$(x-2)(x-3)$となります。

③ まずは共通するものを前にもってきて、$2(x^2-6x+8)$とします。あとは( )のなかを因数分解します。これは公式(D)のタイプなので積から考えると$2(x-2)(x-4)$となります。

④ まずは共通するものを前にもってきて、$a(x^2+x-6)$とします。あとは( )のなかを因数分解します。これは公式(D)のタイプなので積から考えると$a(x-2)(x+3)$となります。

⑤ まずは共通するものを前にもってきて、$y(x^2-10x+25)$とします。あとは( )のなかを因数分解します。これは公式(C)のタイプなので$y(x-5)^2$となります。

7 平方根

目標 「$\sqrt{(-5)^2}=$」を求めてください

平方根とは？

ある数を2回かけると9になりました。ある数を求めてください。

わかりにくいので図示してみましょう。

$$\underbrace{\bigcirc \times \bigcirc}_{\text{ある数を2回かける}} = \underbrace{\bigcirc^2}_{\text{2回かけているというマーク}} = 9$$

まず、思いつくのは「3」ではないでしょうか。

実はそれ以外にもあります。それは「−3」です。実際、$(-3) \times (-3) = 9$ になります。

というわけで、答えは、「3」と「−3」になります。

ここで、ひとつ覚えておいてほしい言葉があります。それは「平方根」という言葉です。

2回かけると△になる数のことを△の平方根といいます。わかりにくいと思うので、具体例をあげてみます。

　（例）3もしくは−3を2回かけると9になる

　　　　→ 3と−3が9の平方根

では、16の平方根を求めてみましょう。

わからない場合は別の表現に変えてみるといいでしょう。

16の平方根を求めるということは、2回かければ16になる数字を求めるということです。すると、4と−4の2つが思い浮かぶと思います。というわけで、答えは「4」と「−4」です。

では「−4」の平方根を求めてみましょう。

−4の平方根を求めるということは、2回かければ−4になる数字を求めるということです。

しかし、いくら考えてもそのような数は思い浮かばないのではないでしょうか。

（×）－2の場合：－2×－2＝4となり、＋4になってしまう。

実際、そのような数字は存在しません（虚数がありますが、それは高校数学で学習します）。というわけで、答えは「ない」です。
このように、－の符号がついている数字の平方根は「ない」ので注意してください。
ちなみに、2×（－2）にすれば－4になるのでは、と思った人もいるかもしれませんが、「同じ数を2回かけて－4になる」の「同じ数」という部分に反してしまいます（2と－2はちがう数字です）。

平方根1

「3」の平方根を求めてみましょう。
2回かければ3になる数字を求めればいいのですが、なかなか思い浮かばないのではないでしょうか。
さて、電卓を持ってきて、「1.73」および「－1.73」を2回かけてみてください。すると、2.9929になると思います。3に近いので1.73、－1.73が3の平方根と思いきや、1.73、－1.73は3の平方根ではありません。2.9929の平方根です。
今度は、電卓で「1.7320508」および「－1.7320508」を2回かけてみてください。すると、「2.999999973」になると思います。先ほどよりも、さらに3に近くなるので、1.7320508、－1.7320508が3の平方根と思いきや、3の平方根ではありません。2.999999973の平方根です（電卓によって表示できる桁数がちがいます）。
ここで、気がついた人もいるかと思います。
実は、3の平方根は1.7320508……とずっと数字が続いていって書き切れないのです（もちろん、－1.7320508……もずっと数字

が続きます）。だから、3の平方根を「$\sqrt{3}$」、「$-\sqrt{3}$」と書きます。
つまり、つぎの式が成り立ちます。

$\sqrt{3} = 1.7320508\cdots$
$-\sqrt{3} = -1.7320508\cdots$

※「$\sqrt{}$」は「ルート」と読みます。
「$\sqrt{3}$」は「ルート3」と読みます。

ちなみに、3の平方根は2回かければ3になる数字のことなので、つぎの式が成り立ちます。

$\sqrt{3} \times \sqrt{3} = (\sqrt{3})^2 = 3$
$(-\sqrt{3}) \times (-\sqrt{3}) = (-\sqrt{3})^2 = 3$

平方根2

「5」の平方根は$\sqrt{5}$、$-\sqrt{5}$の2つあります。つまり、$\sqrt{5}$は5の平方根の片方です。

これを頭の片隅に置きながら、$\sqrt{4}$を求めてみましょう。

2回かければ4になる数字と考えて、答えは2と−2と思った人もいるのではないでしょうか。しかし、それはまちがいです。$\sqrt{4}$は4の平方根の片方です（2回かければ4になる数字は$-\sqrt{4}$もあります）。よって、答えは2となります。

では、$-\sqrt{4}$を求めてみましょう。

2回かければ4になる数のうち、−のほうなので−2になります。ここを勘ちがいしてしまいがちなので注意しましょう。

さて、$\sqrt{5^2}$を求めてみましょう。2回かければ5^2になる数のうち、＋のほうなので答えは5になります。

目標問題の説明

目標問題の$\sqrt{(-5)^2}$を求めてみましょう。

−5と考えてしまった人もいるかもしれませんがまちがいです。ルートのなかを先に計算して問は$\sqrt{25} = \sqrt{5^2}$になります。だから5になります。ちなみに、$-\sqrt{25}$は−5になります。ややこしいですが、ちがいをしっかり把握しておきましょう。

練習問題&解説

つぎの問に答えてください。

① ある数を2回かけると16になりました。ある数を求めてください。
② 2回かけると25になる数を求めてください。また、その数のことを何というのでしょうか。
③ 81の平方根を求めてください。
④ 7の平方根を求めてください。
⑤ $\sqrt{11^2}$を求めてください。
⑥ $\sqrt{(-11)^2}$を求めてください。
⑦ 121の平方根を求めてください（121＝11²）。
⑧ $\sqrt{2}\times\sqrt{2}=$を計算してください。
⑨ $\sqrt{2^2}\times\sqrt{2^2}=$を計算してください。
⑩ $\sqrt{16}$を求めてください。

······················答えと解説······················

① 4、−4
② 5、−5。平方根といいます。
③ 9、−9
④ $\sqrt{7}$、$-\sqrt{7}$
⑤ 2回かければ121になる数のうち、＋のものです。よって、11になります。
⑥ 先に√のなかの（ ）をはずします。$(-11)^2=(-11)\times(-11)=11\times11=11^2$となります。つまり、$\sqrt{11^2}$を求めるので、上記⑤と同じ11になります。
⑦ 11、−11
⑧ 2
⑨ $\sqrt{2^2}=2$です。よって2×2＝4となります。もうひとつの考え方も紹介します。同じ√をかけると√がはずれます。だから、√がはずれて、2²＝4となります。
⑩ 16＝4²なので、4になります。

8 平方根

目標 √12の√のなかを簡単にしてください

平方根のかけ算

例題　「$\sqrt{2} \times \sqrt{3} =$」を計算してみましょう。

ルート同士のかけ算は、√を合体させて計算します。つまり、つぎのようにします。

$$\sqrt{2} \times \sqrt{3} = \sqrt{2 \times 3} = \sqrt{6}$$

このように、**ルート同士のかけ算は、√を合体させて計算する**と覚えておきましょう。

では、なぜこのように計算できるのでしょうか（むずかしい話なので理解できなくてもかまいません。ルート同士のかけ算が計算できれば問題ありません）。

その話の前に、2×3 を別の言いかたで言い換えていきます。

$\sqrt{2} \times \sqrt{2} = 2$、$\sqrt{3} \times \sqrt{3} = 3$ は、すでに学習しています。

$$2 \times 3 = (\sqrt{2}) \times (\sqrt{2}) \times (\sqrt{3}) \times (\sqrt{3})$$

順番を入れ替えて、□で囲った。□のなかを手で隠してください。

$$= \boxed{(\sqrt{2}) \times (\sqrt{3})} \times \boxed{(\sqrt{2}) \times (\sqrt{3})} = \Box \times \Box$$

$$= \Box^2 = (\sqrt{2} \times \sqrt{3})^2$$

□のなかを元に戻した

つまり、$2 \times 3 = (\sqrt{2} \times \sqrt{3})^2$ となります。

さて、ここで、つぎのことを思い出してください。

6 ＝ ○ × ○

○は2回かければ6になる数字ですが、そのような数字は思いつきません。そこで、○＝$\sqrt{6}$ にするのでした。
これと先ほどの式は同じです。

$$2 \times 3 = (\sqrt{2} \times \sqrt{3}) \times (\sqrt{2} \times \sqrt{3}) = \underset{\sqrt{2} \times \sqrt{3} を○とした}{○ \times ○}$$

つまり、$2 \times 3 = ○ \times ○$ となるので、○＝$\sqrt{2 \times 3}$ となります（○＝$-\sqrt{2 \times 3}$ もありますが、この証明とは関係ないので割愛しました）。
○を元に戻すと、$\sqrt{2} \times \sqrt{3} = \sqrt{2 \times 3}$ となります。
これで、ルート同士のかけ算は、√を合体させて計算できることが示されたのではないでしょうか。

平方根のわり算

例題 「$\sqrt{14} \div \sqrt{2} =$」を計算してみましょう。

わり算は、かけ算と同じように計算します。つまり、√を合体させて計算して、つぎのようになります。

$$\sqrt{14} \div \sqrt{2} = \sqrt{14 \div 2} = \sqrt{7}$$

平方根の変形

目標問題の説明

「$\sqrt{12}$」の√のなかを簡単にしましょう。
このような場合、3ステップで解きます。
ステップ1：√のなかを素因数分解します。12を素因数分解すると「$2 \times 2 \times 3 = 2^2 \times 3$」になるので、$\sqrt{12} = \sqrt{2^2 \times 3}$ となります。
ステップ2：○^{2} とあるものだけを分けます。どういうことでしょ

うか。ルート同士のかけ算、わり算のときは√を合体させることができましたが、その逆もできます。そこで、つぎのように、○² のものだけを分けます。

$$\sqrt{12} = \sqrt{2^2 \times 3} = \sqrt{2^2} \times \sqrt{3}$$

2² を分ける

今までは√を合体させていた

今回はその逆！

ステップ3：$\sqrt{\bigcirc^2}$ の形のものの√をはずします。$\sqrt{2^2}$ は、2^2 の平方根です（2^2 の平方根は、もうひとつ $-\sqrt{2^2}$ があります）。つまり、2回かければ 2^2 になる数字のことなので、$\sqrt{2^2} = 2$ となります。
というわけで、答えは、「$2\sqrt{3}$」となります。

例題　√8の√のなかを簡単にしましょう。

ステップ1：$\sqrt{8} = \sqrt{2^3}$

ステップ2：つぎのようにします。

○² を分けるので、あらかじめ○² の形をつくっておく

$$\sqrt{2^3} = \sqrt{2^2 \times 2} = \sqrt{2^2} \times \sqrt{2}$$

ステップ3：$\sqrt{2^2} = 2$ なので、「$2\sqrt{2}$」になります。

つぎに、「$\sqrt{100}$」の√のなかを簡単にしてみましょう。
素因数分解してもいいのですが、$100 = 10^2$ だとわかれば、$\sqrt{100} = \sqrt{10^2} = 10$ とわかります。
100のほかにも、16（$= 4^2$）、36（$= 6^2$）、64（$= 8^2$）を見つければ、いきなり√をはずしてもかまいません（もちろん、素因数分解してもかまいません。時間はかかりますが、結果は同じです）。
なお、0.01 は $\frac{1}{100}$ のことなので、$0.01 = \frac{1}{100} = \left(\frac{1}{10}\right)^2$ を意識しておけばいいこともあります。

練習問題＆解説

√のなかを簡単にしてください。

① $\sqrt{24}$

② $\sqrt{50}$

③ $\sqrt{48}$

④ $\sqrt{\dfrac{25}{16}}$

⑤ $\sqrt{200}$

つぎの計算をしてください。

⑥ $\sqrt{3}\times\sqrt{5}=$

⑦ $\sqrt{4}\div\sqrt{2}=$

⑧ $\sqrt{12}\times\sqrt{3}=$

⑨ $\sqrt{5}\times\sqrt{6}\div\sqrt{3}=$

⑩ $\sqrt{48}\div\sqrt{2}\div\sqrt{2}$

⑪ $\sqrt{2}\div\sqrt{100}$

・・・・・・・・・・・・・・・・・・・・・・・・・・・答えと解説・・・・・・・・・・・・・・・・・・・・・・・・・・・

① $24=2\times2\times2\times3=2^2\times6$ なので、$\sqrt{24}=\sqrt{2^2\times6}=2\sqrt{6}$

② $50=2\times5\times5=5^2\times2$ なので、$\sqrt{50}=\sqrt{5^2\times2}=5\sqrt{2}$

③ $48=2\times2\times2\times2\times3=2^2\times2^2\times3$ なので、$\sqrt{48}=\sqrt{2^2\times2^2\times3}$
$=2\times2\times\sqrt{3}=4\sqrt{3}$

④ $\sqrt{\left(\dfrac{5}{4}\right)^2}=\dfrac{5}{4}$

⑤ $100=10^2$ なので、$\sqrt{100}=10$ と覚えておけば楽に計算できることがあります。$\sqrt{200}=\sqrt{100\times2}=\sqrt{10^2\times2}=10\sqrt{2}$

⑥ $\sqrt{15}$

⑦ $\sqrt{2}$

⑧ $\sqrt{36}=\sqrt{6^2}=6$

⑨ $\sqrt{5\times6\div3}=\sqrt{10}$

⑩ $\sqrt{48\div2\div2}=\sqrt{12}=\sqrt{2^2\times3}=2\sqrt{3}$

⑪ $\sqrt{100}=\sqrt{10^2}=10$ と覚えておけば、計算するまでもなく、$\sqrt{2}\div10$
$=\dfrac{\sqrt{2}}{10}$ となります。

9 平方根

目標「$\dfrac{5\sqrt{3}}{\sqrt{100}} - \dfrac{1}{2\sqrt{3}} =$」の計算

平方根の有理化

例題　「$\dfrac{2}{\sqrt{2}} =$」を計算してください。

分母に√がある場合、それをなくす必要があります。どのようにすればいいのでしょうか。ここで必要な知識は2つです。

① 分数の分母と分子に同じ数をかけてもいい

約分を思い出してください。分母と分子を同じ数でわりました。今度は、約分の逆を見てください。$\dfrac{1}{2}$ の分母と分子に2をかけると、元の $\dfrac{2}{4}$ になることから、分数の分母と分子に同じ数をかけてもいいことがわかります。

$$\dfrac{2}{4} \xrightarrow{\text{約分}} \dfrac{2 \div 2}{4 \div 2} = \dfrac{1}{2}$$

（逆から見る）

② 平方根とは何なのかがわかっていれば、たとえば $\sqrt{2} \times \sqrt{2} = 2$ となるのがわかる

というわけで、例題を解いてみましょう。

分母に√があるので、それをなくす必要があるのですが、どうすればいいのかもうわかるのではないでしょうか。

分母と分子に同じ数をかけます（上記①）。何をかけるのかというと、$\sqrt{2}$ です（上記②）。

$$\frac{2}{\sqrt{2}} = \frac{2\times\sqrt{2}}{\sqrt{2}\times\sqrt{2}} = \frac{2\times\sqrt{2}}{2}$$
$$= \frac{{}^1\cancel{2}\times\sqrt{2}}{{}_1\cancel{2}} = \sqrt{2}$$

平方根のたし算、ひき算

例題 「$3\sqrt{2}+2\sqrt{2}=$」を計算してください。

$\sqrt{2}$とは、2回かければ2になる数字のひとつでした(もうひとつは、$-\sqrt{2}$)。

電卓で「1.41421356」を2回かけてみてください。

1.999999993と2にかなり近い数字になります。つまり、$\sqrt{2}$は「1.41421356……」になります。よって、例題はつぎのようにできます。

　3×1.41421356……＋2×1.41421356……

さて、同じ文字や数字は( )でくくることができました(178ページ参照)。

1.41421356……は同じ数字なので、( )でくくってみましょう。すると、つぎのようにできます。

　1.41421356……×(3+2)

1.41421356……を元の$\sqrt{2}$に戻すと「$\sqrt{2}\times(3+2)$」となります。つまり、「$3\sqrt{2}+2\sqrt{2}=5\sqrt{2}$」になります。

例題 「$2\sqrt{2}+3\sqrt{3}=$」を計算してみましょう。

$\sqrt{2}$は1.41421356……です。$\sqrt{3}$は1.73205080……です(電卓で1.73205080を2回かければ、3に近い値が出てくるはずです)。
というわけで、例題は、「2×1.41421356……＋3×1.73205080……」となります。

同じ文字がありません。だから、これ以上、計算できません。

つまり、「$2\sqrt{2}+3\sqrt{3}=$」はこれ以上計算できません。

このように考えていけば、$\sqrt{}$のたし算、ひき算ができますが、毎回、このように考えるのは大変です。

そこで、つぎのことを覚えておくといいでしょう。

$$\triangle\sqrt{\bigcirc} + \square\sqrt{\bigcirc} = (\triangle+\square)\sqrt{\bigcirc}$$
$$\triangle\sqrt{\bigcirc} - \square\sqrt{\bigcirc} = (\triangle-\square)\sqrt{\bigcirc}$$

要は$\sqrt{}$のなかの数字が同じとき、$\sqrt{}$の前の数字同士をたしたり、ひいたりしてもいいということです。

つぎに、「$\sqrt{2}-2\sqrt{3}-2\sqrt{2}+5\sqrt{3}=$」を計算してみましょう。

$\sqrt{}$のなかが同じ数字同士だと計算できます。

そこで、わかりやすいように入れ替えて計算すると、つぎのようになります。

$\sqrt{2}-2\sqrt{2}-2\sqrt{3}+5\sqrt{3}=(1-2)\sqrt{2}+(-2+5)\sqrt{3}$
$=-\sqrt{2}+3\sqrt{3}$

目標問題の説明

それでは、目標問題を計算してみましょう。

$$\frac{5\sqrt{3}}{\sqrt{100}} - \frac{1}{2\sqrt{3}} = \frac{5\sqrt{3}}{10} - \frac{1\times\sqrt{3}}{2\sqrt{3}\times\sqrt{3}}$$

［約分した］　［$\sqrt{100}=\sqrt{10^2}=10$］

$$= \frac{\sqrt{3}}{2} - \frac{1\times\sqrt{3}}{2\sqrt{3}\times\sqrt{3}} = \frac{3\times\sqrt{3}-1\times\sqrt{3}}{6}$$

$$= \frac{\sqrt{3}}{3}$$

［通分した］

ややこしい計算ですが、今までのことをしっかり学習していれば解けるので、もしまちがえたり、わからないのであれば復習しましょう。

練習問題＆解説

分母の√をふくまない形にしてください。

① $\dfrac{3}{\sqrt{3}}=$

② $\dfrac{\sqrt{8}}{\sqrt{3}}=$

つぎの計算をしてください。

③ $2\sqrt{3}-3\sqrt{3}$

④ $\sqrt{8}-2\sqrt{2}+\sqrt{72}=$

⑤ $\dfrac{3}{\sqrt{5}}+\dfrac{\sqrt{5}}{10}$

······················答えと解説······················

① $\dfrac{3\times\sqrt{3}}{\sqrt{3}\times\sqrt{3}} = \dfrac{{}^1\cancel{3}\times\sqrt{3}}{{}_1\cancel{3}} = \sqrt{3}$

② $\dfrac{\sqrt{8}\times\sqrt{3}}{\sqrt{3}\times\sqrt{3}} = \dfrac{\sqrt{8\times3}}{3} = \dfrac{\sqrt{2^2\times2\times3}}{3} = \dfrac{2\sqrt{6}}{3}$

③ $-\sqrt{3}$

④ $\sqrt{2^2\times2}-2\sqrt{2}+\sqrt{2^2\times3^2\times2}=2\sqrt{2}-2\sqrt{2}+6\sqrt{2}=6\sqrt{2}$

⑤ $\dfrac{3\times\sqrt{5}}{\sqrt{5}\times\sqrt{5}}+\dfrac{\sqrt{5}}{10} = \dfrac{3\sqrt{5}}{5}+\dfrac{\sqrt{5}}{10}$
$= \dfrac{6\sqrt{5}}{10}+\dfrac{\sqrt{5}}{10} = \dfrac{6\sqrt{5}+\sqrt{5}}{10} = \dfrac{7\sqrt{5}}{10}$

10 二次方程式
目標「$x^2+2x=-1$」の計算

二次方程式1

例題 「$x^2=4$」を解いてください。

例題の式は、$x \times x=4$、つまり「x を 2 回かければ 4 になる」ということを示しています。「2 回かければ 4 になる数」とは、4 の平方根ですので、x は 4 の平方根となります。よって、「$x=2$、$x=-2$」なのですが、ここでは、これとはちがう方法で解いてみます。

さて、例題の式の右辺にある 4 を左辺にもっていって「$x^2-4=0$」、ここから少し形を変えて「$x^2-2^2=0$」とします。

この式の左辺、どこかで見たことがありませんか。

そうです。実は 180 ページで、すでに学習した式と同じです。だから、左辺は、つぎのように因数分解できます。

$$x^2-a^2=(x+a)(x-a)$$
$$\Rightarrow x^2-2^2=(x+2)(x-2)$$

つまり、例題の式は「$(x+2)(x-2)=0$」となります。

さて、$1 \times 0=0$、$0 \times 4=0$、$10 \times 0=0$ のように、かけ算の片一方の数字が 0 だと答えは 0 になります。

$(x+2)(x-2)=0$、つまり、$(x+2)$ と $(x-2)$ をかけ合わせて 0 になるということは、$(x+2)$ か $(x-2)$ のいずれかが 0 であるということです。

よって、$x+2=0$、もしくは $x-2=0$ となります。これを解くと、「$x=-2$、$x=2$」となります（$x=\pm 2$ と書くことがあります）。

二次方程式の解き方をまとめると、つぎの 3 ステップになります。

ステップ1：＝０の形にする

ステップ2：左辺を因数分解する

ステップ3：かけ算の片一方が０なら、かけ合わせれば０になるということを利用して答えを出す

二次方程式2

目標問題の説明

さて「$x^2+2x=-1$」を解いてみましょう。

これも先ほどの3ステップで解きます。

ステップ1：右辺の「－１」を左辺に移して、$x^2+2x+1=0$ とします。

ステップ2：左辺の「x^2+2x+1」に着目してください。見覚えがあるのではないでしょうか。（185ページ）

$$x^2+2ax+a^2=(x+a)^2$$
$$\Rightarrow x^2+2\times 1\times x+1^2=(x+1)^2$$

よって、目標問題は $(x+1)^2=0$ となります。

ステップ3：$(x+1)\times(x+1)=0$ とすればわかるのではないでしょうか。$(x+1)=0$ なので、$x=-1$ となります。

二次方程式3

例題 「$-2x+x^2=x+18$」を解いてみましょう。

ステップ1：「＝０」の形にするために、右辺のものをすべて左辺に移動します。すると、$x^2-3x-18=0$ となります。

ステップ2：左辺を因数分解しますが、見覚えはないでしょうか。実は185ページで学習したものと同じです。

$x^2 \boxed{+(a+b)} \, x \, \boxed{+ab}$
$x^2 \boxed{-3} \, x \, \boxed{-18}$

$a=3$、$b=-6$ となります。よって、問の式は $(x+3)(x-6)=0$ となります。

ステップ3：$x+3=0$、または $x-6=0$ となります。よって、「$x=-3$、6」となります。

二次方程式4

例題 「$-2x=x^2$」を解いてみましょう。

ステップ1：左辺の「$-2x$」を右辺に移動させて $0=x^2+2x$、左右をひっくり返して、$x^2+2x=0$ となります。

ステップ2：左辺は、x が共通しています。そこで、x を前にもってきて（　）でくくります。すると、$x(x+2)=0$ となります。

ステップ3：$x=0$ または $x+2=0$ となります。よって、「$x=0, -2$」となります。

二次方程式5

例題 「$(x+1)^2=4$」を解いてみましょう。

（　）をはずして、今までの手順で解くこともできますが、ここでは少し応用的な解き方を解説します。

さて、（　）のなかを手でかくしてみてください。（　）$^2=4$ となります。この式の意味は、「（　）を2回かければ4になる」です。つまり（　）は4の平方根です。

4の平方根は、2、-2の2つです。

というわけで、（　）=2、もしくは（　）=-2 となります。（　）を元に戻すと $x+1=2$、もしくは $x+1=-2$ となります。

これを解くと、「$x=1, -3$」となります。

練習問題&解説

つぎの式を解いてください。

① $x^2+x-20=0$
② $x^2-10x+25=0$
③ $2x^2-x=0$
④ $x^2-16x+64=0$
⑤ $x^2+x-12=0$
⑥ $x^2-3x=0$
⑦ $(2x+1)^2=9$
⑧ $4x^2=16$
⑨ $ax^2-ax-6a=0$
⑩ $x^2-x+\dfrac{1}{4}=0$
⑪ $2x^2+2x-4=0$
⑫ $2x^2+22x+60=0$

·········答えと解説·········

因数分解ができれば解けます。因数分解ができない場合は 172ページから復習してください。

① $(x-4)(x+5)=0$、$x-4=0$もしくは$x+5=0$より、$x=4$、-5
② $(x-5)^2=0$、$x-5=0$より、$x=5$
③ $x(2x-1)=0$、$x=0$もしくは$2x-1=0$より、$x=0$、$\dfrac{1}{2}$
④ $(x-8)^2=0$、$x-8=0$より、$x=8$
⑤ $(x+4)(x-3)=0$、$x+4=0$もしくは$x-3=0$より、$x=-4$、3
⑥ $x(x-3)=0$、$x=0$もしくは$x-3=0$より、$x=0$、3
⑦ $2x+1=3$もしくは$2x+1=-3$より、$x=1$、-2
⑧ $x^2=4$より、$x=2$もしくは-2
⑨ $a(x^2-x-6)=0$、$a(x-3)(x+2)=0$より、$x=3$、-2
⑩ $(x-\dfrac{1}{2})^2=0$より、$x=\dfrac{1}{2}$
⑪ $2(x^2+x-2)=0$、$2(x+2)(x-1)=0$より、$x=1$、-2
⑫ $2(x^2+11x+30)=0$、$2(x+5)(x+6)=0$より、$x=-5$、-6

11 二次関数

目標 「$y=x^2$」のグラフを描いてください

二次関数のグラフ1

目標問題の説明

さっそく、$y=x^2$ のグラフを描いてみましょう。

$y=x^2$ の x にさまざまな値を代入してみます。

$x=1$ を代入すると $y=1$、$x=2$ のとき $y=4$、$x=3$ のとき $y=9$、$x=4$ のとき $y=16$ です。

表でまとめてみました。

x	1	2	3	4
y	1	$4(=2^2)$	$9(=3^2)$	$16(=4^2)$

表を見れば、x が2倍になれば、y は 2^2 倍、3倍になれば 3^2 倍になっているのがわかります。

さて、x に+の値だけではなくて、-の値も代入してみましょう。

$x=-1$ を $y=x^2$ に代入すると $y=1$ となります。同様に $x=-2$ のとき $y=4$、$x=-3$ のとき $y=9$、$x=-4$ のとき $y=9$ となります。
表でまとめてみました。

x	-1	-2	-3	-4
y	1	$4(=(-2)^2)$	$9(=(-3)^2)$	$16(=(-4)^2)$

$y=x^2$ のグラフはこれらの座標を通ります。

つまり、グラフにこれらの座標を書き込んで、線で結べば $y=x^2$ のグラフになります。

なお、どのようなグラフになるかわからないときは、今回したのと同様、グラフが通る座標をできるだけ多く出して、グラフに座標を書き込んで、線で結ぶといいでしょう。

ただ、座標の数が少ないと正確なグラフにはならないので、できるだけ多くの座標を出してグラフに書き込むようにします。
というわけで、座標を書き込むとつぎのようなグラフになります。

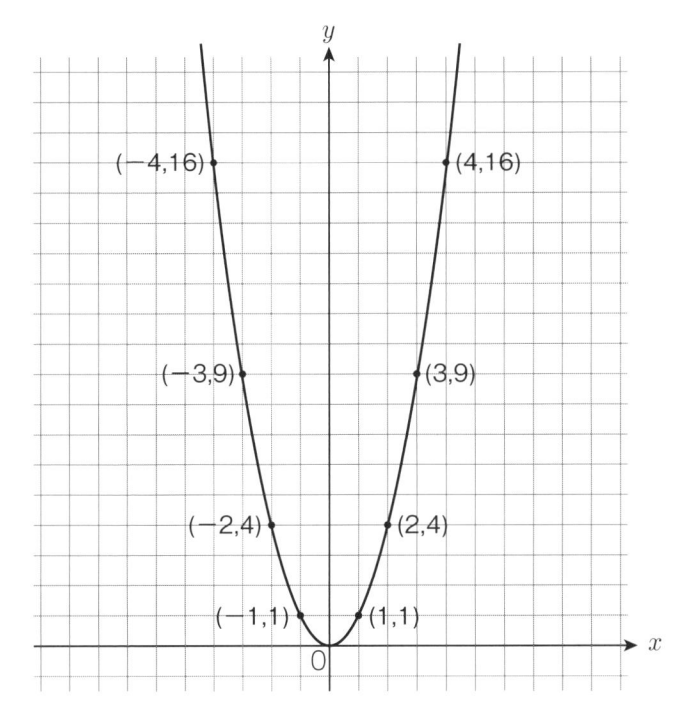

二次関数のグラフ2

> **例題**　「$y=\dfrac{1}{2}x^2$」のグラフを描いてみましょう。

$y=x^2$ の y の値は x^2 です。$y=\dfrac{1}{2}x^2$ の y の値は x^2 の $\dfrac{1}{2}$ です。
つまり、$y=\dfrac{1}{2}x^2$ の y の値は、常に $y=x^2$ の y の値の $\dfrac{1}{2}$ です。
よくわからないのなら、実際に座標を求めてみるといいでしょう。

　　（例）　$x=3$ のとき、$y=x^2$ は $y=9 \to (3, 9)$、$y=\dfrac{1}{2}x^2$ は
　　　　　$y=\dfrac{9}{2} \to \left(3, \dfrac{9}{2}\right) \to y$ の値が $\dfrac{1}{2}$ になっている！

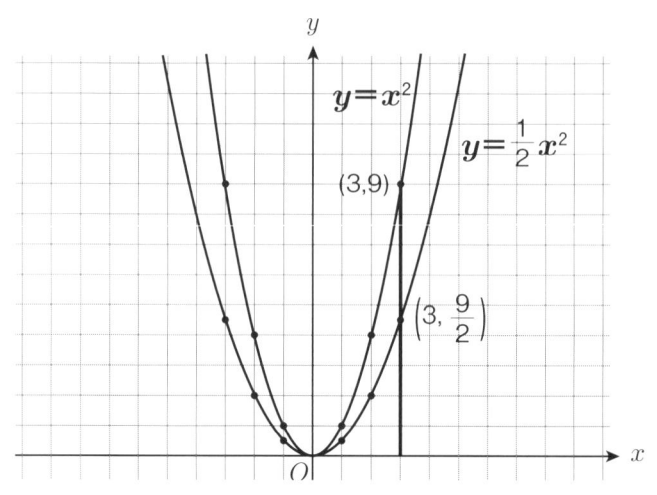

二次関数のグラフ3

例題 「$y=-x^2$」のグラフを描いてみましょう。

最初は、グラフが通る座標を、できるだけ多く出して、グラフに記入していくといいです。

(例) $x=1$ を $y=-x^2$ に代入すると $y=-1$ → $(1,-1)$
　　 $x=2$ を $y=-x^2$ に代入すると $y=-4$ → $(2,-4)$

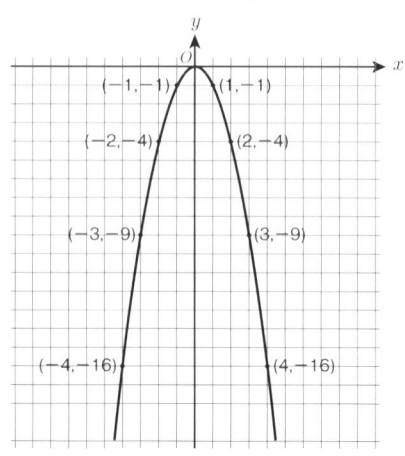

練習問題&解説

同じグラフに、$y = x^2$、$y = 2x^2$、$y = -x^2$、$y = -2x^2$ のグラフを描いてください。

······答えと解説······

$y = x^2$のxと、と$y = 2x^2$のxにさまざまな値を代入してみます。
これらの座標をグラフに書き込んで線で結びます。

$y = x^2$

x	-3	-1	1	3
y	9	1	1	9

$y = 2x^2$

x	-3	-1	1	3
y	18	2	2	18

$y = -x^2$

x	-3	-1	1	3
y	-9	-1	-1	-9

$y = -2x^2$

x	-3	-1	1	3
y	-18	-2	-2	-18

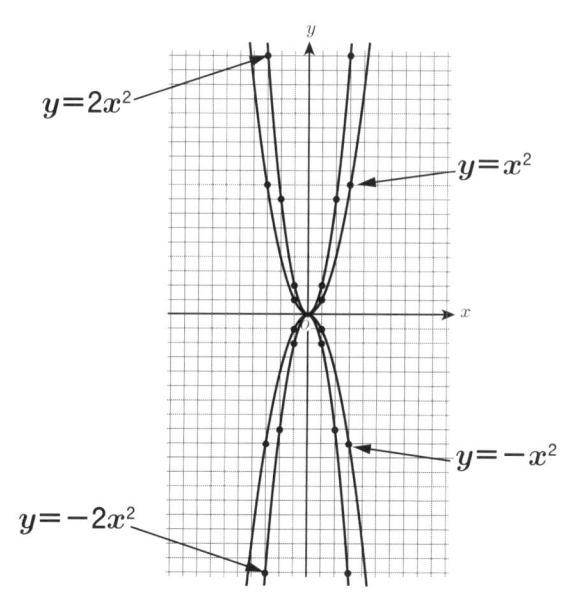

著者：石崎 秀穂（いしざき・ひでほ）

1974年生まれ。神戸大学卒業。
業界最大手メーカーの中央研究所に配属される。退職後、起業。
「究極のわかりやすさ」という理念のもと、英語、文章術、ビジネスをはじめとする、さまざまな分野の書籍やウェブサイトを執筆しており、読者から「涙がでるほど、わかりやすい」「はじめて参考書を最後まで読むことができた」などの感想が多数、寄せられている。
現在は、塾講師時代、英語の授業よりも「わかりやすい」と人気があった数学の授業を「書籍」にすることで、世の中から「数学嫌い」をなくそうと考えている。

○主な著書
『基本にカエル英語の本』(スリーエーネットワーク)、『あなたの文章が＜みるみる＞わかりやすくなる本』『もう一度中学英語』(日本実業出版社)、『ゼロから始める！ 大人のための中学英語』(高橋書店)、『マンガで学ぶ小学生英語ドリル』(マガジンハウス)、『あっという間にSEO対策』(技術評論社)など。

○プロフィールや著書の詳細
http://www.pugu8.com/profile/
http://www.ekaeru.com/

0（ゼロ）からやりなおす中学数学の計算問題

2014年9月26日 第1版 第1刷発行

著者	石崎 秀穂（いしざき・ひでほ）
企画・制作・DTP	エマ・パブリッシング
カバー・本文デザイン	釈迦堂アキラ
印刷	株式会社 文昇堂
製本	根本製本株式会社

発行人　西村貢一
発行所　株式会社 総合科学出版
〒101-0052　東京都千代田区神田小川町3-2 栄光ビル
TEL 03-3291-6805（代）
URL：http://www.sogokagaku-pub.com/

本書の内容の一部あるいは全部を無断で複写・複製・転載することを禁じます。
落丁・乱丁の場合は、当社にてお取り替え致します。

© 2014　Hideho Ishizaki
Printed in Japan　ISBN978-4-88181-840-4　C2041